八二三砲戰

兩岸人民的生命故事

The August 23rd Bombardment in Kinmen

李福井——著

五南圖書出版公司 印行

獻詞

謹以此書獻給那個苦難的年代、苦難的人們，
因為有您們的犧牲奉獻，才換來爾後兩岸一甲子的和平。
中國人能維持六十年而不打仗，這樣的歷史機遇，大家應該感到慶幸，
因為在中華五千年史裡，從來不缺乏戰爭與死亡。
不要認為和平是應該的，可以倖致的；和平，從來不是廉價的。
「要多少砲火，才能換來和平？」
二〇一六年諾貝爾文學獎得主美國歌手巴布迪倫（Bob Dylan）的歌，
唱出了我們的心聲。

推薦序

台灣歷史的分界點——《八二三砲戰序》

陳芳明

在台灣島上成長的年輕世代，似乎已經沒有八二三砲戰的記憶。即使以我個人來說，一九五八年金門砲戰爆發時才只有十一歲。那時是小學四年級的學生，只聽到大人們在討論金門發生的事件，卻覺得非常遙遠。小小的心靈也跟大人一樣，每天早上起床就翻閱報紙。只要報導擊落米格機的消息刊登出來，心情竟然跟著雀躍起來。尤其聽到收音機傳來的捷報訊息，在班上同學之間也會熱烈討論。那時並不知道什麼叫做「共匪」，甚至也不知道金門位在何處。那是生命中對八二三砲戰最初的記憶。隨著年齡的成長，尤其在過了十八歲後進入大學，那次砲戰的時代意義才逐漸鮮明起來。尤其自己是就讀歷史系，再加上與生俱來的強烈時間感，才慢慢與童年時期所獲得的資訊銜接起來。在大學時期閱讀洛夫所出版的長詩《石室之死亡》，曾經苦惱我很長一段時間。後來才知道，那是描寫八二三砲戰的一首長詩。後來又讀了商禽的一首詩〈逢單日的夜歌〉，才知道那是砲擊最慘烈的日子。兩位詩人所描述的砲戰意象，在相當程度上挾帶著反戰的意味。這都是後來回顧早年歷史時，才慢慢理解當年的眞實狀況。

這場戰爭決定了金馬台澎的歷史命運，對於台灣島上的住民，經由這場戰爭的洗禮才漸漸覺悟，大家都是屬於生命共同體。歷史並不遙遠，而生命也並不疏離，在戰雲的籠罩下，沒有誰可以享有更幸運的待遇。沒有經過那場砲戰，台灣與中國之間的界線就不可能那麼分明。從全球冷戰體制的觀點來看，二十世紀資本主義與共產主義之間的對決，分別發生在一九五〇年的韓戰、一九五八年的金門砲戰、一九六六年的越南戰爭。經過這三次戰爭的洗禮，亞洲的政治形勢才逐漸穩定下來。所謂冷戰體制，其實是以資本主義陣營爲首的美國，與共產主義陣營爲首的蘇俄，展開長期的軍事對決。從全球的觀點來看，冷戰指的是美蘇之間的相互對決，雙方同時進行武器競賽，卻從來沒有眞正爆發戰爭，而都是局部的發生在朝鮮半島、台灣海峽與中南半島。金門一役使得台灣的政治逐漸穩定下來，那是相當關鍵的一場戰爭。

李福井所寫的《八二三砲戰》，使逐漸淡忘的歷史記憶又再次鮮明起來。他是金門人，從古寧頭戰役之後到八二三砲戰都生活在歷史現場。第一次與他認識，是二〇一五年他們的金門書院邀請我去金門演講。那也是我第一次造訪台灣領土的最前端，而且也第一次發現原來金門距離廈門是那樣接近。走出金門機場時，竟然發現網路訊號都是從對岸發射過來。電話自動連線時，竟然出現「中國移動」的字樣。只有到達歷史現場，才能夠想像八二三砲戰時的險境。與李福井認識是我的幸運，從他那裡我聽到許多有關金門的掌故。他寫過《古寧頭戰紀》，讓我對一九四九年發生的戰爭有了全新認識。

他的遣詞用字頗有史筆的味道，在做任何價値判斷時，他一定是站在金門人的立場下筆。如果說這本書是八二三砲戰的一個總結，亦不爲過。寫了將近十二年的這本書並非是閉門造車，而是經過長期的踏查與探訪，而且遍歷兩岸三地。同時也參考兩岸的官方史料，再加上金門人在地的親身經驗，才完成了這部詳細的戰爭史。這本書從第一章開始，就直接把讀者拉入了戰場。從一九五八年八月二十三日黃昏開始砲轟金門島，在短短四十四天裡砲彈落下四十七多萬發。作者說平均每一平方公里中彈約三千二百發，密度之高，創下世界戰爭史的紀錄。整本書就這樣開始，讓讀者直接感受了前線戰場的慘況。作者彷彿是一位歷史家，他不僅有在地的觀點，而且也涉獵了與金門砲戰相關的重要中外史料書籍。他重新建立的歷史現場，使讀者恍如置身其中。閱讀之際，不免也捏了一把冷汗。

砲戰發生之初，當年的國防部長俞大維也在戰場，而且中彈在腦部顱骨。他到九十三歲去世後火化，才從腦部取出一片彈殼。余光中還特地寫一首詩〈一片彈殼〉，李福井還特別在書中引述。這本書最令人動容之處，莫過於作者在金門島上訪談無數戰爭的親歷者。這本書不只是寫出來的，而且也是走出來的。作者走遍金門的每一個村落，去訪問所有戰爭的親歷者，這是書中最引人入勝之處。戰後餘生者所講出來的每一句話，顯然又使熄滅已久的戰火再次燃燒。作者不辭辛勞走過一個村落又一個村落，爲的是讓戰爭實況浮現在書中。幾乎可以想像，作者在親自訪談時想必也掉了無數眼淚。他所描寫的每一個故事是那樣生動，讓讀者簡直是親歷其境。靜態的閱讀尚且使讀者滿眶含淚，何況是作者親自與戰爭受害者面對面談話。

朱西甯曾經寫過長篇小說《八二三注》，他的筆法不免有虛構之處，卻足以使讀者的血液沸騰。李福井的這部戰場紀錄，不僅字字有來歷，而且許多小故事都是在訪談中重建起來。那好像是歷史現場的實況轉播，閱讀之際也不免含著眼淚。尤其第十七章〈八二三墳場，多少辛酸多少淚？〉，記錄著一位台灣的充員兵曾德義也在金門戰場陣亡。他有三個孩子，家裡還有高堂父母與寡妻。砲戰結束後換取一罈骨灰返鄉，送到台灣家裡。其實那是許多遺體集中火化，才從混合的骨灰中取出一把置放。那些骨灰我中有你，你中有我，再也分不清誰是誰。這是相當生動的一段紀錄，也是生命共同體的最眞實寫照。

李福井甚至也到對岸的廈門訪談，去尋找八二三砲戰的八路軍受害者。這是閱讀本書的訪談中，最令人感動之處，這才是眞正的史筆。在戰場中也許必須分清敵我，戰爭結束後死亡的死亡，倖存的倖存，再也不能以敵我關係來看待那場戰爭。李福井勇敢到廈門去訪問受害家屬時，他手持著的是一枝高貴的筆。那種筆法已經超越敵我，也超越了醜陋的人性。掩書之際，才感覺到李福井的用心良苦。這不僅僅是一本悼亡書，而是把人性拉高，讓讀者看見高尚的歷史同情。《八二三砲戰》這本書，值得我這世代的人仔細捧讀，也值得未及參與歷史的世代重新反省戰爭的意義是什麼。讀完這本書，我願意向李福井先生致敬。

二〇一八、六、二八　政大台文所

自序

不廢江河萬古流

李福井

一九五八年八二三砲戰，今年剛好屆滿六十週年了。那時的兒童已步入老年；那時的青年已登耄耋之齡；那時的壯年多已辭世了。歲月催人老。回首這一場戰役驚濤駭浪，刻骨銘心，然而凡走過的必留下痕跡，它已成爲戰爭世紀的戰爭記憶，將與金門島永留傳。

八二三砲戰，我虛歲九歲，上完小二放暑假了，在四十四天的烽火歲月之中，不論大人或小孩，都經過身心的試煉，我雖沒有參加戰鬥或搶灘，然而我的心中始終有一個「八二三」。

金門是一個戰地，實施戰地政務，從小到大，我們除了要出操、打靶，壯丁還要搶灘、構工，金門人很辛苦，但是辛苦能向誰說呢？我一直研究金門的戰史，前有古寧頭大戰，現有八二三砲戰，這些戰史史料紛陳，不僅不好找，而且也不好寫。寫完古寧頭大戰，我開始考慮寫八二三。

我先在金門本島訪談，有空的時候就開車到鄉下轉悠，碰到老人就聽他們說故事。八二三砲戰臺海戰役是兩岸三地的事，我覺得不應該只寫金門，大陸也是寫作的重點，應聽聽他們的聲音，所以我把視角放寬放大放遠。

那時我還定居金門，小三通很方便，有空的時候就帶著妻子邱英美到大陸訪談，我們先後到大嶝、小嶝、圍頭與廈門的何厝與曾厝垵；我們的運氣很好，進行得很順利，而且訪問到一些關鍵性的人，大陸幅員這麼遼闊，我想老天爺一定暗中幫助。

我後來又想，八二三砲戰臺灣充員兵也有一份，他們出生入死、流血流汗，有些人還葬身在金門戰地，因此不能漏掉他們。退休之後回到台北，這個意念一直揮之不去，然而臺灣也不小，經過六十年了，人海茫茫，要到那裡去找人呢？我想老天爺一定收到我的祝願，讓我找到了一些可貴的人，補足了臺灣充員兵的歷史缺角，完成了不可能的任務。

從我二〇〇六年返鄉開始作口述歷史起算，陸陸續續訪談八二三的親歷者，已經超過十個年頭了，訪談超過兩百人。八二三的史料汗牛充棟，各地出版的書籍也不少，光讀這些書就要花很多時間，何況我著重的是口述歷史，訪談的聽錄更是一個大工程。

我想到南明的時候，金門沒有留下多少史料，尤其老百姓遷徙流離，身心所受的荼苦，我們幾乎茫昧不知；列寧有言：「忘記歷史就意味著背叛。」因此，我要爲後世寫一本書，完成人民寫史的職志。

這本書的視角，從兩岸三地的人民切入，傾聽他們的生命故事，不僅呈現八二三砲戰的歷史樣貌，也提供兩岸何去何從的歷史思考。

不過我仍要說明我的史觀，我認爲兩岸當代的歷史發展，是由金門主導的。這樣的說法絕不是往自己臉上貼金，金門人不必自大，但也不必自輕，這不是信口開河，而是有歷史根據的。

國共的鬥爭，兩岸的分裂，中國的大歷史潮匯流到了金門，然後打了一個漩渦，整個歷史就在以金門爲軸心的漩渦下打轉。以前這樣的漩渦是歷史的向心力，以蔣介石的反共抗俄、還我河山爲主導；現在卻產生了離心力，而以民進黨的去中國化與台獨的分離意識爲主流。

一九四九年的古寧頭大戰，讓兩岸的歷史分流；一九五八年的八二三砲戰影響所及，讓臺灣的歷史分流。

八二三砲戰，會不會是國共之間最後一次的較量。幾十年的恩怨情仇，就以漫天的砲火似煙火慶祝最後一輪鬥爭的煞尾，然後把鬥爭的主角換了人呢！這也合乎中國歷史發展的種性。

中國春秋的大一統觀念，由秦始皇具體的落實。秦始皇樹立了中國歷史的豐碑——統一的一座大山。以後中國歷史的發展，不外乎在統一與分裂之中分分合合，都按照秦始皇定下的法則。

我們今天都活在秦始皇歷史的陰影之下，兩岸現下的氛圍，已由過往交流走到冷對抗，感覺又朝向血腥鬥爭的死胡同走，不知什麼時候會鬥破。戰神好似又拔了長矛，站在軒轅大帝的墳頭在歌唱。

我走訪了兩岸三地，發現戰爭受苦受難的都是老百姓，有人家破人亡，有人受傷肢體殘缺，有人財產一夕化爲烏有，這些傷痛隨著歲月的推移，雖然時間是治療創傷的良藥，但是所謂記取歷史教訓就是沒有記取教訓，所以人類的災難才會一再重演。

現在的戰爭更加酷烈，它的破壞力更大，大家更不可以掉以輕心。從訪談過程中，我發現戰爭並沒有贏家，兩岸其實都傷亡慘重。金門因爲擋過砲火，所以體悟了一句話：「戰爭無情，和平無價。」可以送給兩岸的國人參考。

歷史是一面鏡子，但是那些整衣冠的風流人物始終看不清楚。鮑照詩云：「不見長河水，清濁俱不息。」或許這就是中國的歷史命運了。

數風流人物，還看今朝，但是不廢江河萬古流。

目次

01 北戴河會議，毛澤東決定砲打金門

一九五八年八月二十三日傍晚六時三十分中共萬砲齊轟金門島，揭開了八二三砲戰的歷史序幕；十月六日中共國防部長彭德懷發表「告臺灣同胞書」，建議舉行和平談判，並自即日起停火一周。

在這連續四十四天狂風驟雨式的砲擊中，二〇一四年金防部指揮官湯家坤中將說，國軍官兵計有四五六人陣亡，一九七二人負傷；金門老百姓一百六十二人罹難，六百三十八人受傷。房屋全毀三五四三間，半毀二八〇〇間。

金門約一百五十平方公里左右，中彈四十七多萬發，平均每一平方公里中彈約三千二百發，密度之高創世界戰史記錄。

兩岸鬥爭的歷史，是這樣展開的。

一九四九年人民解放軍以風捲殘雲之勢，席捲大陸山河，然而卻在蕞爾小島的金門踢到鐵板，血染灘頭，片甲無回，這一役有如現代赤壁之戰，兩岸從此隔海峽而治；兩岸的分裂，國共的鬥爭，美蘇的冷戰爭霸，就建構了毛澤東發動八二三砲戰的歷史舞台，而以黎巴嫩的問題爲出口，玩起絞索的牽制戰。

一九五八年五月九日二戰後獨立不久的黎巴嫩，出現反對向美一面倒的武裝事變，七月十五日美

八二三砲戰彈如雨下，整個金門斷垣殘壁，記錄了時代的滄桑。

國陸戰隊由貝魯特登陸，出兵黎巴嫩鎮壓反美勢力；七月十七日英國也出兵約旦，從安曼登陸。英美的軍事行動，威脅阿拉伯國家，破壞整個中東的和平，中共決不坐視。

中國大陸站在反美帝的全球制高點上，藉口聲援中東地區的阿拉伯人民，「七月十六日，中國政府發表聲明，強烈譴責和抗議美國的侵略行爲，要求美國立即從黎巴嫩撤軍。」[1]隨後大陸北京、天津、上海等各大城市舉行反美示威，支持阿拉伯人民的正義鬥爭。

美國出兵黎巴嫩，毛澤東爲何要砲打金門呢？說穿了這是毛澤東一石兩鳥的鬥爭策略，臺灣的背後是美國，金門的背後是臺灣，毛澤東砲打金門，就牽動了國際鬥爭的敏感神經，不僅打擊美國，也打擊國民政府。這是毛澤東的「絞索政策。」

1 洪群等著《圍頭——八二三砲戰紀事》，頁二一，政協晉江市編委會，二〇一三年十一月晉江出版。

大陸舉行反美與反蔣示威，聲言要解放臺灣。

與美對抗，毛澤東發表絞索策略

然而何謂絞索策略呢？毛澤東在一九五八年九月八日的最高國務會議第十五次會議上發表關於金門、馬祖絞索講話：

還是談一談老話。關於絞索，上一次不是談過嗎？……現在不講別的，單講兩條絞索：一個黎巴嫩，一個臺灣。

臺灣是老的絞索，美國已經占領幾年了。它被什麼人絞住了呢？被中華人民共和國絞住。六億人民手裡拿著一根索子，這根索子是鋼繩，把美國的脖子套住了。誰人讓它套住的呢？是它自己造的索子，自己套住的，然後把絞索的一頭丟到中國大陸上，讓我們抓到……不得脫身。它現在進退兩難，早退好，還是遲退好？早退，那麼所為何來呢？遲退，越套越緊，可能成為死結，那怎麼得了呀？至於臺灣，它是訂了條約的……至於臺灣，就訂了個條約，這是個死結。這裡不分民主黨、共和黨，訂條約是艾森豪威爾，派第七艦隊是杜魯門。杜魯門那個時候可去可來，沒有訂條約，艾森豪威爾訂了個條約。這也是國民黨一恐慌、一要求，美國一願意，就套上了。

金門、馬祖套上了沒有？金門、馬祖據我看也套上了。為什麼呢？他們不是講現在還沒有定，要共產黨打上去，那個時候看情形再決定嗎？問題是十一萬國民黨軍隊，金門九萬五，馬祖一萬五，只要有這兩堆在這個地方，他們得關心。這是他們的階級利益，階級感情……總而言之，你是被套住了。要解脫也可以，你得採取主動，慢慢脫身。不是有脫身政策嗎？在朝鮮有脫身政策，現在我看形成了金、馬的脫身政策。你那一班子實在想脫身，而且輿論上也要求脫身。脫身者，是從絞索裡面脫出去。怎麼脫法呢？就是這十一萬人走路。臺灣是我們的，那是無論如何不能讓步的，是內政問題；跟你的交涉是國際問題。這是兩件事。你美國跟蔣介石搞在一起，這個化合物是可以分解的。比如電解鋁、電解銅，用電一解，不就分離了嗎？蔣介石這一邊是內政問題，你那一邊是外交問題，不能混為一談。

……我們這裡一打砲，這裡兵不夠，它又來了。臺灣這些地方早一點解脫，對美國比較有利，它賴著不走，就讓它套到這裡，無損於大局，我們還是搞大躍進。

至於緊張局勢，也許還可以講幾句……臺灣緊張局勢又是大家罵美國人，罵我們的比較少。美國人罵我們，蔣介石罵我們，李承晚罵我們，也許還有一點人罵我們，主要就是這三個……尼赫魯總理發表了聲明，基本上跟我們一致的，贊成臺灣這些東西歸我們，不過希望和平解決。這回中東各國可是歡迎啦，特別是一個阿聯，一個伊拉克，每天吹，說我們這個事情好。因為我們這一搞，美國人對它們那裡的壓力就輕了。

……臺灣的緊張局勢究竟對誰有利些呢？……美國總是不好，張牙舞爪。十三艘航空母艦就來了六艘，其中有大到那麼大的，有什麼六萬五千噸的，說是要湊一百二十條船，第一個最強的艦隊。你再強一點也好，把你那四個艦隊統統集中到這個地方我都歡迎。你那個東西橫直沒有用的，統統集中來，

中共砲兵開始就定位，一場以砲打金門而針對「美帝」的鬥爭，馬上要登場了。

你也上來不得。船的特點，就在水裡頭，不能上岸。你不過在這個地方擺一擺，你越打，越使全世界的人都知道你無理。[2]

這樣複雜的歷史情境與國際背景支配了兩岸領導人的政治思考，美蘇兩人集團利用蔣毛，以及蔣毛利用美蘇相互綁架的爭鬥，就以金門爲肉搏場。毛澤東收緊絞索，沒有勒死美國人，卻差一點把金門人勒死。

一九五八年七月十七日，「中共中央軍委決定解放軍空軍和地面砲兵部隊開始行動。空軍抓緊轉場入閩，地面砲兵和海岸砲兵抓緊做好海上封鎖準備。」[3]對於中東問題，中共已開始準備跟美帝鬥爭了。這時是炎炎夏日，學生正在放暑假，農夫也在山上忙著耕作，然而北京的中南海，正處心積慮要向金門砲擊。

七月十八日晚，毛澤東召集軍委副主席和空軍、海軍領導人會議，參加的有元帥彭德懷、賀龍、林彪、徐向前、聶

2 蕭鴻鳴等著《金門戰役紀事本末》，頁五一九～五二一，北京中國青年出版社，二〇一六年一月出版。

3 洪群等著《圍頭——八二三砲戰紀事》，頁二十一，政協晉江市編委會，二〇一三年十一月晉江出版。

榮臻、陳毅及粟裕、黃克誠、陳賡大將，海軍司令員蕭勁光大將，空軍司令員劉亞樓上將，砲兵司令員陳錫聯上將，工程兵司令員陳士榘上將，總政治部主任蕭華上將，總後勤部部長洪學智上將等。

第二次臺海危機已在北京上空漸漸成型了，金門將籠罩在一片硝煙彈雨之中。因爲這些人正要決定金門的命運，其中最主要的關鍵人物是毛澤東主席。

毛欲躍上國際舞台，以金門為砧板

中國大陸此時已從一個依附者，企圖蛻變成一個主宰者，毛澤東找回了民族的自信心，要帶領中國進入國際的鬥爭舞台，而以金門爲砧板。

會議一開始，毛澤東開門見山的說：「美軍在黎巴嫩，英軍在約旦登陸，企圖鎮壓黎、約及中東人民的反侵略鬥爭和民族解放運動。爲了支援阿拉伯人民的正義鬥爭，遊行示威是一個方面，是道義上的支援，也是從政治上打擊帝國主義。同時，我們也不能僅限於道義上的支援，而且要有實際行動的支援。」[4]

毛澤東要收緊絞索了，會議確定對金門、馬祖實施砲擊，首要是打擊主要敵人蔣介石給美國帝國主義看；因爲是在中國的領土境內，屬於內政範疇，英美兩國不會干涉，而且又有牽制作用。毛澤東決定砲擊的方略，不打美機美艦，中共海空軍也不出公海作戰，不與美國正面衝突，第一次砲擊打幾萬發，準備打兩三個月，以後怎麼辦？走一步算一步。

毛澤東要求以中央軍委的名義發個電報，命令各大軍區立即進入緊急備戰狀態，也把作戰任務下達

4 同註三，頁二十一。

給福建軍區，最遲應於七月二十五日前做好砲擊準備。會議原定七月二十四日開始砲擊。

七月十八日當晚二十三時，「福州軍區政治委員葉飛上將接到中央軍委關於砲擊封鎖金門的電話指示。當時的福州軍區新任司令員是韓先楚，剛到任接替工作，中央決定由葉飛負責指揮。」[5]這是一九四九年古寧頭大戰之後，十年之間，葉飛與胡璉將軍宿命的相逢，將進行第二次的對決。

葉飛接完電話之後，立即召集會議，迅速作出決定：「從軍區現有陸、海軍砲兵集中三十個營，部署於廈門、同安縣蓮河一帶，準備打擊大、小金門島上的國民黨軍；另集中三個營又二個連部署於連江縣黃岐地區，準備打擊馬祖島上的國民黨軍。參戰砲兵定於七月二十四日晚全部進入射擊位置。」[6]總參謀部和解放軍砲兵司令部命令在華北的三個加農砲兵團，做好赴閩參戰準備。

中共磨刀霍霍，準備對金門動刀

除了砲兵之外，中共要求空軍在七月二十七日前進入福建和粵東作戰機場，先站穩腳跟，不要出公海作戰，第一步進駐汕頭和連城機場。

七月二十日，中共海軍決定，「第一步在金門方向集中八個海岸砲兵連，配合陸軍實施砲擊；旅順基地鐵道砲團作好南下準備，東海艦隊準備一個快艇大隊進駐三都澳，後視情進駐泉州后渚或廈門；南海艦隊抽調一個快艇大隊進駐汕頭，後視情進駐東山島或廈門待機。並決定由東海艦隊副司令員彭德清

5 同註四，頁二十二。

6 同註五，頁二十二。

少將負責組織艦隊前方指揮所，到廈門統一指揮福建地區除海軍航空兵外的所有海軍部隊。」[7]

至此，砲擊封鎖金門的作戰行動部署已大致完成，共軍磨刀霍霍，準備對金門給予致命性的一擊，金門的土地要翻兩番了。

共軍在調兵遣將，部署砲擊與封鎖的各項作戰準備，一場驚天地而泣鬼神的砲戰，只待一聲令下，就要萬砲齊發了，然而駐守金門島上的國軍官兵這時已如臨大敵，開始加強戰備了。

七月二十三日，「葉飛發報向在北京的毛澤東主席和中央軍委匯報砲擊準備工作，特別是部署情況和作戰方案。各參戰部隊嚴陣以待。七月二十五日二十時，前指收到北京發來的帶三個A的電報，中央軍委命令前線砲兵立即進入射擊位置待命。至二十六日拂曉前火砲全部進入射擊位置，四五九根砲管直指金門島上，第一波的三萬發也擦亮待發，箭在弦上，只等在北京的毛主席一聲令下。」[8]

七月二十日深夜，這時在北京中南海的毛澤東徹夜苦思，不斷抽煙與踱方步，睡不著覺，忽然猶豫了起來，他反覆思考砲擊的最佳時機和最好效果，直到次日天亮時，才揮毫寫下短文，以示決心：

「德懷、克誠同志：睡不著覺，想了一下。打金門停止若干天似較適宜。目前不打，看一看情勢……，中東解決，要有時間，我們是有時間的，何必急呢？暫時不打，總有打之一日，……不打不把握之仗的原則，必須堅持。如你同意，將此信告知葉飛，過細考慮一下，以其意見見告。晨安！毛澤

7 同註六，頁二十三。

8 同註七，頁二十六。

中共北戴河會議決定了金門的命運，這是毛澤東當年在北戴河休閒的歷史鏡頭。

東。七月二十七日上午十時。」[9]

葉飛見到毛主席的書信電報之後，就找來幹部商議，覺得各項準備工作過於倉促，特別是空軍轉場還未完成，其次海軍入閩也在調動之中，一切都還沒有完全就緒。因此，葉飛就順水推舟，覆電表示：「根據前線情況，準備工作做得充分一些再進行砲擊，較有把握。」[10]

金門遠在閩南的一個小島，距離北京十萬八千里，但是毛澤東這一段時間不得不反覆想著金門，成爲他此刻最深沉的思考了。

一九四九年毛澤東與葉飛面對金門登陸戰之敗，不論從北京與福建可能悵望河山，都不免空留遺恨。就因爲這樣，毛澤東現在又要把金門推上歷史的舞台，使它受到砲火的淬煉，美蘇兩大冷戰集團的矚目。

9 同註八，頁二十六。
10 同註九，頁二十七。

夜，仍然如此的迷茫，只有砲彈的火光與荒原的血光將照亮了前路。一九五八年八月十七日，中共中央政治局擴大會議從北京搬到避暑勝地北戴河召開，這次會議決定了金門的命運。

中共北戴河會議，決定砲打金門

八月二十日，奉召前來的國防部部長彭德懷元帥和總參作戰部部長王尙榮中將已在客廳等候多時，會客廳掛了幾張臺海的軍事地圖，毛澤東一游完泳回來，彭德懷馬上向他匯報，大致有三點：

「一是美國出兵中東，在臺海問題上更加蠻橫強硬，屠牛式導彈已運抵臺灣，一些政要和軍方不斷發出準備干涉臺海的恫嚇言論；二是台當局因有美國撐腰，牛氣十足，叫囂反攻大陸，空軍多次侵入沿海和內地；三是福建前線緩打後，空軍順利入閩，前線構築了大量工事，完成了砲擊的各項準備。」[11]

中共在緩打這段期間，總共構築了砲位掩蔽工事一二〇個，各級觀測所三十六個，連排發令所一〇四個，彈藥庫二七二個，救護所三個，通信樞紐部四個，各種工事七六五個，修建道路八條，全長四十餘公里，加固橋樑十一座，開鑿指揮坑道一條，小坑道三十條，全長約六〇〇公尺。

中共砲擊準備工作更加完備了，聽完彭德懷的匯報之後，毛澤東不疾不徐的說：「不要怕，要狠狠地打，把它四面封鎖起來。我們此次是直接打蔣，間接打美。」

毛澤東轉身問王尙榮：「這幾天沒見著葉飛啊，叫他來，司令官不在，仗如何打啊？」

王尙榮立刻回答說：「馬上叫他來，明天就能到。」

毛澤東想了想說：「明天是二十一日，再給他兩天準備，開砲時間就定在二十三日吧。」

---

11 同註十，頁二十八。

旁邊的彭德懷聽後說：「二十三日好啊，剛好是星期六，敵人容易痲痺。」毛澤東接著又說：「就定在二十三日，葉飛一到，就開砲！」說完三人開懷大笑了起來。12

兩岸赤裸裸的鬥爭，怒火化作了砲火，在臺海掀起了腥風血雨。因此，又稱為八二三臺海戰役。大陸則稱為金門砲戰。這與金門的歷史宿命有關。

12 以上對話引自同註十一，頁二十八。

02
金門，是兩岸歷史的核心

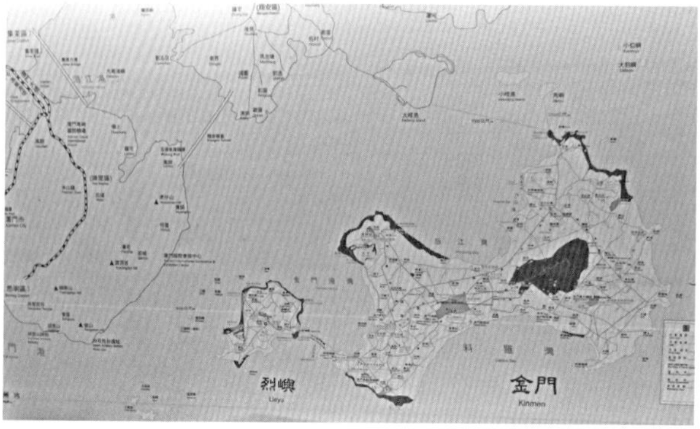

金門位在九龍江口，三面被大陸包圍，在兩岸鬥爭時代成為大陸的出氣筒。

金門是中國大陸地理的邊陲，兩岸歷史的核心，從明鄭時期到一九四九年的大陸逆轉、國共內鬥；金門兩次決定了臺海兩岸的歷史命運，在中國大陸沿海百數十個島嶼之中，唯有它有這樣特殊的際遇。沒有金門，就沒有臺灣。

金門在南明之際，首先躍上了歷史舞台，一六四六年鄭成功焚儒服儒冠——「上告親王去儒巾，國難家仇萃一身。」——以一個二十二歲的青年豪氣干雲、英風颯爽，在烈嶼的吳山頂上舉起反清復明的大纛，鄭成功據守金廈作爲反清復明的根據地。

南明時期，金門首次登上歷史舞台

一六六一年，鄭成功征台之前在料羅順濟宮祭拜媽祖，然後在料羅灣祭江祝禱東征，希望媽祖保佑舟師順利，馬到成功。因此揚起義旗，率領艟艨戰艦兩百多艘、帶甲戰士兩萬五千人，東渡黑水溝收復了臺灣。他的曠世功勳張學良有詩爲證：

孽子孤臣一稚儒，
填膺大義抗強胡；
豊功豈在尊明朔，
確保臺灣入版圖。

鄭成功是一個血性男兒，誓不作臣虜，據守金廈反清復明，金門兵連禍結，廬舍爲墟，人民流離失所，血淚凝結在歷史的煙塵裡。鄭成功的英雄大業雖然功敗垂成，卻是一位創格的奇男子。

金門，第一次被綁在兩岸鬥爭的十字架上。相傳鄭成功伐木造船，從瓊林附近的陳仔山到泗湖的柳桉砍伐殆盡之後，金門從此淹入了歷史的風沙之中，以荒瘠、貧窮與刻苦，與天鬥，與地鬥，與人鬥。金門地處東經一一八度三十二分，北緯二十四度四十四分，位於福建九龍江口外，與廈門遙望，距大陸角嶼僅一點八公里，離臺灣島卻有二百一十公里。

鄭成功以孤臣孽子之心，擎起反清復明的大纛，第一次把金門推向歷史舞台。

金門在地理上與情感上屬於大陸，然而在政治上常不由自主，孤峰頂上觀日落；明末鄭、清對抗，延平郡王據守台澎金廈以海上孤師抗衡中原，將金門捲入歷史漩渦；一九四九年大陸風雲變色，國民黨痛失錦繡山河，同年十月二十五日凌晨共軍以九千餘選鋒登陸金門，發生古寧頭大戰，人民解放軍血祭灘頭，全軍覆沒，片甲無回。

這一役共軍遭遇了解放戰爭以來從未有過的大挫敗，中共從東北興兵一路以秋風掃落葉之姿南下，所過無堅不摧，無敵不克，不料卻在蕞爾小島的金門折戟沉沙。

這一役的結果，中共所向披靡的氣勢戛然而止，國府在危急存亡之秋，以憂惶之心、退此一步即無死所之情亦心馳念轉，回過了神，覺得人民解放軍也不是不可以打敗的，從此信心大增，好像服了定心丸。

古寧頭一役劈開了臺海兩岸，造成了分裂分治的歷史局面，金門小島砥柱中流，發揮旋乾轉坤的擎天功能，力抗排山倒海而來的紅潮，拯救了國府命懸旦夕的危亡。蔣介石痛定思痛，在金

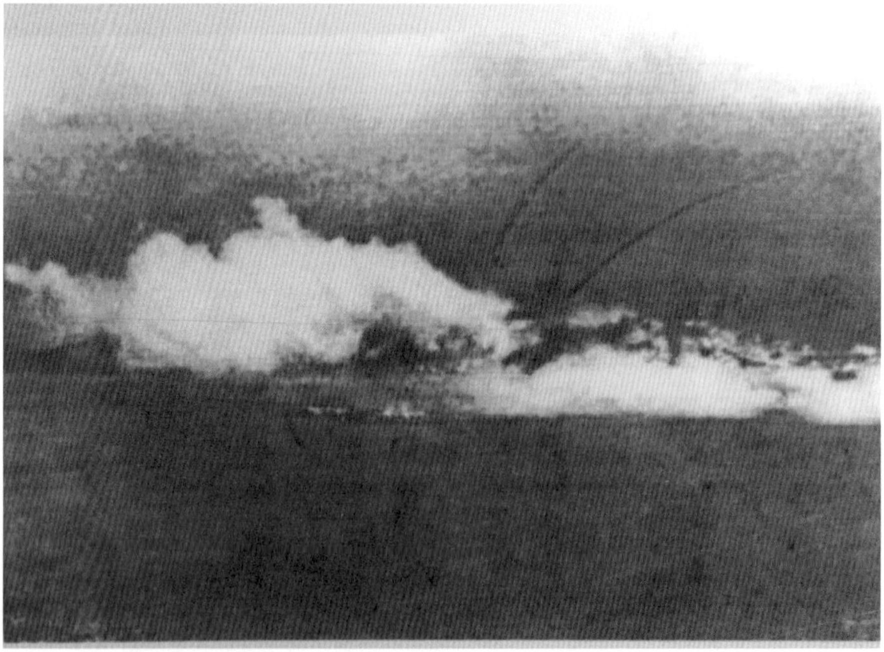

八二三砲戰爆發，國民黨的機關報翌日報導，萬砲齊轟金門島，砲火在封鎖金門呀！

門太武山巔題勒「毋忘在莒」以自惕惕人，一心一意要光復大陸，雪恥圖存，重整河山。

國共內鬥，金門接演歷史人輪迴

金門又被鎖進兩岸對抗的牢籠裡面，蔣介石十年生聚十年教訓，以台澎金馬作為興復根據地，提六十萬大軍海上振旅，以金門作為反攻大陸的跳板；兩岸的理念之爭與成敗榮辱的個人意氣之鬥，掀起臺灣海峽的千尺風浪，金門又遇到了頂頭風，鄭成功的英靈不散。

金門，第二次被綁在兩岸鬥爭的十字架上。

歷史大輪迴，雖然時移勢異，歷史的主角換了人，戲碼好像也不太一樣，然而金門人所受的荼毒與苦痛殊無二致。一九五八年紅朝的創建者毛澤東取代了康熙大帝，坐在北京的中南海，撫

中央日報

CENTRAL DAILY NEWS

第一〇九〇六號

中華民國四十七年八月二十四日

共匪已採進犯行動
昨晚猛烈砲擊金門
兩小時內射擊達數萬發
我前線砲兵已作報復性的還擊

某軍事觀察家指出
共匪瘋狂砲擊金門
顯係進犯行動前奏
認為決非尋常砲擊可比

畢克萊司令
昨離華返防

我代表團
明赴瑞士

聯大緊急會

匪俄可

摸著他兵敗金門的心痛，要來給他打落的太陽——介石兄——一個教訓，因此上演一齣邊境烽火：

砲彈落在金門的土地上，
砲火在封鎖著金門呀！

八二三，把金門的靈魂叫醒。詩人林煥彰以悲憫的胸懷，以《解不開的一組密碼》，並爲敬悼八二三發出了沉痛的呼聲：

錯誤的，一組歷史密碼，
永遠醒著的三個數字；
和一座島，千萬無辜
的生命，糾結不清……

不清不楚的四十四天，無夜無日
密密麻麻的彈雨；叫八二三
它們要用乘的用加的用減的用除的？
不清不楚！將每寸土地的每寸肌膚，
紋身，刺青
烙印撕裂兩岸億萬炎黃同胞的身心！

四十七萬多發的砲彈，魔鬼詛咒
一座寧靜的島，一夜之間瘋狂叫囂
蜂窩狀的疼痛：
仇恨窩囊的一頁戰史——
無辜犧牲的同胞，會遺忘嗎？
健忘的後代子孫，會記得嗎？
這組血淚組成的密碼，你解開了嗎
不吉不祥的一組數字
能拼出一組幸福的未來嗎？

我的淚，
我的汗，
永遠也關不住的，低頭懺悔；
在心中流淌………

詩人說「這組血淚組成的密碼，你解開了嗎」，我人試圖以歷史的鑰匙，設法解開《解不開的一組密碼》。

03 子孫的命運，由祖先所決定

八二三砲戰觸發了第二次臺海危局，表面上看來只是一場砲戰而已，其實它是蘊含著深層中國式的悲劇，而有複雜的歷史因素與世界因素；這些因素長期的相激相盪就形成了金門無法抗拒的歷史命運了。金門人正如鄭愁予的詩：

「順命的沉默　冤苦的徬徨　承受了生命掙扎中最重的無辜」

首先談歷史因素，一八三九年發生的中英鴉片戰爭，這是西方國家對中國發起的第一次大規模戰爭，打開了中國閉關自守的門戶，清朝被迫開放五口通商，這場戰爭的結果標誌著中國近代史的開端。中國自此失去了世界的威望與領導權，顛躓、苦痛的漫漫歲月因此接踵而來。

中國向來以天朝自居，所謂「九天閶闔開宮殿，萬國衣冠拜冕旒」，然而自從鴉片戰爭之後，中華帝國的莊嚴世界一下子坍塌了，閉塞、無知、落後與守舊在世人的眼前曝露無遺。中國從此開啟了禍患之門：

八國聯軍攻北京，慈禧太后與光緒皇帝出逃，辛丑條約簽訂之後，在袁世凱軍隊保護下，兩宮回鑾的歷史鏡頭。

英法聯軍，咸豐氣死熱河，
八國聯軍，慈禧驚走陝西；
甲午戰敗，光緒淚灑瀛台。

那些被人家欺凌、被人家踐踏、被人家屠戮的長夜歷史，成爲中國人心中永遠抹不去的傷痛。

中國人從一個極端自負的民族，從一個文化與文明極端自詡的民族，就在西洋的船堅砲利之下，在一次一次敗戰與屈辱之中被揭去了天朝的面皮，以至人爲刀俎，我爲魚肉，凌遲了中國人的民族自尊心與自信心，那種民族的自豪感已被列強剝奪得蕩然無存了。

中國人從堅戰、盲戰到怯戰，皇清從傲視、仇視到逃亡，中國無形中已拱手讓出了世局的主宰者，而且淪落到任人宰割了。

屈辱與圖存，晚近中國兩大歷史主軸

因此，中國從一個主權獨立自主的國家到

失去自主，從一個世局的主宰者變成一個依附者，就形成了晚近中國人共同的歷史命運。由此可以窺見中國曲折而辛酸的歷史道路。

屈辱與圖存變成中國近代史的兩大主軸。一八九四年甲午戰敗，翌年簽訂「馬關條約」，不僅割讓臺灣與澎湖給日本，還賠償白銀二億兩，中國自此失去了東亞的主導權，因此刺激了孫中山先生的奔走革命。一九一一年武昌起義革命成功，推翻了中國兩千多年的帝制，建立了東亞第一個民主共和國。

辛亥革命雖然推翻了滿清，然而只換旗號沒有換腦袋，被指爲舊瓶裝新酒，屬於不完全的革命。因此辛亥革命的成功，並沒有引導中國走向康莊大道，反而打開了中國的「潘多拉」盒子，開啓了武夫割據、軍閥混戰的局面。

這時的中國社會，存在著所謂的五鬼鬧中華，那五鬼呢？就是餓鬼、窮鬼、髒鬼、病鬼與弱鬼。這是中國歷史的病灶，是由西洋的船堅砲利所打開，而作爲醫生的孫中山先生的手術刀所割治不了的。

這樣的社會背景，刺激了另一種革命思潮，一九一九年五四運動之後，李大釗與陳獨秀率先引進共產主義的學說，這是中國近現代歷史第二次分水嶺；他們看到俄國一九一七

那時中國的有錢人，躺在坑上沉迷於吸食鴉片煙，每天昏昏沉沉過日子。

那時中國的窮人衣不蔽體、食不裹腹，一家人流落街頭，成為後來紅色革命的溫床。

革命先行者孫中山先生逝世之後，留下了中國何去何從的路線之爭。

年列寧十月革命的成功，帶來一種憧憬與希望。「說起聯邦新制度，又將遺恨到君身。」陳獨秀的詩句遂成爲中國社會動蕩的政治魔咒。

兩種政治思潮，點燃政治鬥爭的火種

中國的救亡圖存，已到了饑不擇食的地步，孫中山先生標榜的三民主義的民主革命，還有中國王道的思想；蔣介石繼承了他的革命衣缽，以堯舜禹湯周孔儒家化的道統自居。

毛澤東後來取得中國共產黨的領導權，以馬列恩史的師承自命，完全偏離了中國文化傳統與道統，也與孫中山先生的民主革命不能合轍。外患點燃了中國意識形態內鬥的政治危機，權力的爭奪有如寇讎，國共雙方相翦相屠，以人民爲芻狗，陳寅恪詩云：「殺人盈野又盈城，誰挽天河洗甲兵？」中國人自導自演的歷史悲劇，其實幕後都有一個藏鏡人。

中國是一個內戰不斷的民族，魯迅說常常以人民的鮮血去澆灌權力者的手，然後才能換得幾十年的安寧。中國人在找尋出路的同時左衝右突，鮮血灑滿了道路。

一九四九年是中國近現代史上第三次歷史分水嶺，這一年毛澤東揮斥方遒，指點江山，滾滾赤潮從東北奔流而下，不旋踵淹沒了禹甸神州，蘇聯所一手扶植的中國共產黨十月一日在北京開立了無產階級專賣店，一路摸著石頭過河。

蔣介石失掉了大陸河山，黯然退守臺灣，那種羞辱與憤懣，午夜夢迴一直啃噬著他的心，一種失國失家失土失根的苦痛煎熬，成爲他永生背負的十字架了。悵望江山，除了黯然神傷，不免興起興復繼絕的渴望，所以他在金門的太武山巔題勒「毋忘在莒」四字以明志。

既生瑜，何生亮？毛澤東是蔣介石的天敵，毀了他一輩子辛勤建立的功業；此時的蔣介石也以美利堅爲後盾，重起爐灶，一心一意要反攻大陸，驅逐俄寇，重整河山。

國共雙方現在是天旋地轉、主客異位、強弱異勢了，以馬列爲首的取代了以華盛頓爲宗的政治格局於焉形成，這是開鴉片戰爭以來中國政治另一新變局。中國人膏吻自己同胞的鮮血，子孫的命運是由祖先所決定的。

滿清末年五鬼鬧中華之後，那種對外無力，不能爲祖宗討回顏面的羞赧，反而把矛頭調轉向內，演成相翦相屠、自相殘殺的自救圖存的歷史。

國共內戰，殺別人報仇不成，只有自己殺自己，就是這種歷史的反諷。八二三砲戰追源溯本，就在這種歷史長河裡相激相盪逐步底形成。

其次再談世界局勢的因素。

中國近現代史的發展，都不是由自己的意志、能力、企圖所決定的，而是由外力所引起的共伴效應，是由外人揮舞指揮棒，自己拿起屠龍刀扮演劊子手造成的。中國人是屠龍的高手，屍體築疊起來可以成爲一座萬里長城。

雅爾達密約，種下了中國無窮後患

一九四五年二月四日至二月十一日期間召開的雅爾達會議，是由美英蘇三強領袖羅斯福總統、邱吉爾首相、史大林元帥所舉行的一次關鍵性會議。

雅爾達會議因為沒有中國人參加，會議的結果是三強私相授受，而以犧牲中國的利權作為交換條件。因此我們稱之為雅爾達密約。

首先談它對中國的影響：

雅爾達密約，美英向蘇聯出賣了盟友中國利益。就是蘇聯恢復日俄戰爭之前在東北的利權：大連商港國際化，蘇聯在該港的優越權益須予保證，蘇聯之租用旅順港為海軍基地須予恢復，中東鐵路與南滿鐵路中蘇應成立聯營公司。

一九四六年又在雅爾達密約的影響下，簽署中蘇友好同盟條約，在蘇聯主導與監督下，中國接受外蒙公投獨立。

美國為了減少自己的犧牲，希望蘇聯在歐戰結束之後，早日對日宣戰，並支持盟國在太平洋作戰，結果蘇聯參戰一個禮拜之後，蘇聯紅軍進入東北，日本就宣布無條件投降。蘇聯乘機拆光、搬空日本在東北的工廠設備，把日本關東軍留下的武器，全部轉交給中共，又阻撓戰後國府對東北的接收，造成中共的坐大、東北的淪失、大陸的潰退。

其次談雅爾達密約對戰後世局的影響：

「這次會議，制定了戰後的世界新秩序和列強利益分配方針，形成了『雅爾達體系』，對第二次世界大戰後的世界局勢產生了深遠的影響。」[1]

這次會議達成戰後四國占領德國與柏林的決定，並「使蘇聯及各國共產黨得以控制中歐、東歐以及亞洲許多國家，這次會議的結果，就事後來看，永遠的改變了許多國家的命運（東歐諸國、南北韓分裂、中國國共內戰），也懸留許多問題（南千島群島）至今尚未解決。」[2]

東西對抗，也拜雅爾達密約之賜

第二次世界大戰之後，形成美蘇兩大集團的對抗，一方信守自由民主的資本主義，一方實施無產階級專政的共產主義，雙方爭奪世界的領導權。戰後世局的演變，就是雅爾達會議的結果，使歐陸的德國、東歐、中國大陸、朝鮮半島淪入鐵幕、完全籠罩在蘇聯勢力陰影之下，有人說這是戰後冷戰的濫觴。

一九四五年雅爾達會議的後坐力衝擊了一九四九年的南京國民黨政權，世界美蘇兩大強權的影武者藉著蔣介石與毛澤東兩個分身，在中原大地作了一番殊死戰，以決定天下誰屬。史學家陳寅恪說：「中國人上詐下愚。」這一句話點中了中國國民性的要害。中國人就在「上詐下愚」之中，一路揮淚欣賞由列強製片，自己自導自演的歷史悲劇。

蔣介石的豪強，不脫中國傳統歷史的英雄格局；毛澤東的智謀，是中國社會梟雄的變種。毛澤東入儒而反儒，他有秦始皇的鷙忍、劉邦的疏狂、曹孟德的詭譎，他從熟讀古書之中去了解中國的人性、歷

1 引自維基百科。

2 維基百科。東歐諸國自蘇聯解體之後，命運已經改變，著者補註。

蔣介石與毛澤東的瑜亮情結，雅爾達會議之後成為美蘇兩大陣營爭霸的兩個分身，把中國搞得腥風血雨。

史的歸趨，再剖視中國社會貧弱的病灶，激揚中國人怯於公戰而勇於私鬥的本性，以謀略玩弄「上詐下愚」的國民性於股掌之上，以血肉之軀築成了天安門而登極。

大陸撤守，國共鬥爭進入了延長賽

毛澤東反美，蔣介石反蘇，大陸的撤守，國共的鬥爭進入延長賽。蔣介石認爲蘇聯暗中資助中共，讓它坐大，以至於偷走了他的美麗山河，讓他飽嚐敗走臺灣的屈辱，心中餘恨未消，所以一心一意要「殺朱拔毛，驅逐俄寇，反攻大陸」。中共與蘇聯此時成爲蔣介石一而二、二而一的死敵。

一九四九年人民解放軍在古寧頭吃了前所未有的大敗仗，毛澤東無法一舉「攻下金門、血洗臺灣」，完成統一大業，他的雄圖壯志未酬，只能追懷秦皇、漢武、唐宗、宋祖，激揚文字，以風騷自慰了。

一九四五年二戰之後，東西兩大集團的世界冷戰格局基本上已經確立，民主的美國與共產的蘇聯，正在進行一種意識形態的爭霸。一九四九年中共建政，拿著紅旗被迫向蘇聯一面倒。

一九五〇年六月二十五日韓戰爆發，不僅拯救了臺灣危疑

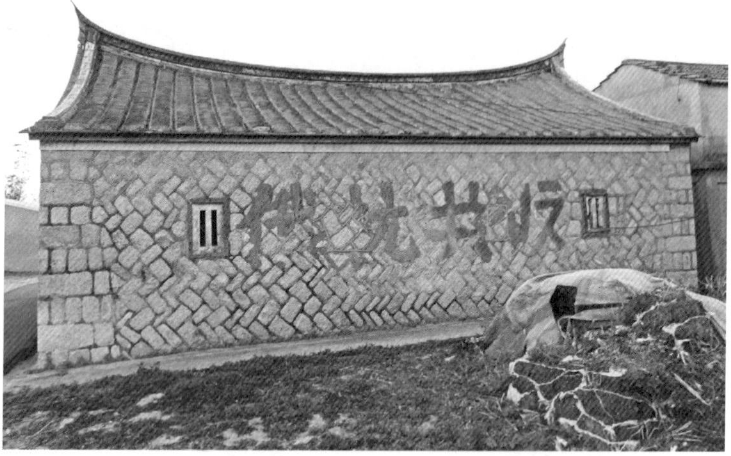
蔣介石繼承了孫中山的遺產，也繼承了孫中山聯俄容共的矛盾。

震撼的局面，也影響了整個世局的走向與發展，中國共產黨組織抗美援朝的志願軍，越過鴨綠江，支持金日成的北朝鮮，與美國為首的聯軍進行殊死戰。

中國以人海戰術對抗美國的火海戰術，在兩年零九個月的抗美援朝戰爭中，共斃傷俘敵七十一萬餘人，自己折損三十六點六萬餘人。「美國經費開支四百億美元，消耗作戰物資七千三百餘萬噸。中國戰費開支六十二點五億元人民幣，消耗作戰物資五百六十餘萬噸。」[3]

這一場戰役「竟然讓堂堂美利堅合眾國損兵折將高達三十九萬七千餘人，朝鮮戰爭美軍死傷人數甚至比整個二戰，耗損的美國子弟還多出三分之一。」[4]

韓戰爆發，進行一場不對稱的戰爭

中國大陸與美國在朝鮮半島進行了一場不對稱的戰爭，二戰之後美國是世界超強，財富占有世界之

3 齊德學著《你不了解的抗美援朝戰爭》，頁十五，遼寧人民出版社二〇一一年一月遼寧出版。

4 王丰著《刺殺蔣介石——美國與蔣政權鬥爭史》，頁二五四，時報文化公司，二〇一五年十月十六日台北出版。

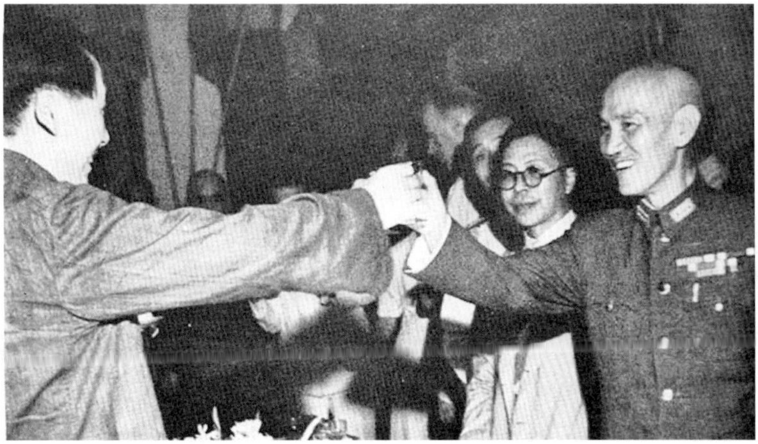

蔣毛重慶會談之後，貌合而心不合，戰火從心中燎原燒向中原大地、臺海兩岸。

半，國富兵強；而中國人歷經八年抗日戰爭的慘勝，又經歷四年的國共內戰，可說民窮財盡。

中美雙方首次的較量，到底怎麼不對稱法呢？第一國力懸殊：「一九五〇年，美國鋼產量爲八七七二萬噸，國民生產總值爲二四四八億美元……中國的鋼產量爲六〇點六萬噸，僅相當於同期美國的一百四十四分之一，工農業生產總值爲五七四億人民幣，以人民幣與美元二五：一的比值計價，尚不足同期美國國民生產總值的十二分之一。」[5]

第二武器裝備對比懸殊：「美國具有強大海軍和空軍，……一開始已投入到戰場的飛機一二〇〇架，海軍各種船、艦、艇三〇〇艘。而志願軍此時既無空軍也無海軍。美軍一個陸軍師裝備各有坦克一四〇輛、裝甲車三十五輛，各種砲九五〇餘門，並且質量好、口徑大、射程遠、彈藥充足，均由汽車牽引或由吉普車載運，部隊全部機械化或摩托化，裝備各種汽車三八〇〇輛。而志願軍沒有坦克和裝甲車，一個軍裝備的各種砲才五二

5 齊德學著《你不了解的抗美援朝戰爭》，頁五，遼寧人民出版社，二〇一一年一月遼寧出版。

○門，並且質量老舊、型號雜、口徑小、射程近、彈藥不足，均由騾馬馱載或由人員攜行，部隊沒有機械化和摩托化裝備，只臨時配備運輸車一○○輛。美軍步兵使用的槍支多爲自動、半自動槍，而志願軍使用的槍支都是在抗日戰爭和解放戰爭中的繳獲品，所謂萬國牌的，很少有自動槍、半自動槍。美軍一個師裝備有線和無線通信機二五○○多部，而志願軍一個軍僅有同類通信工具四○○餘部。」[6]

結果中國大陸在朝鮮半島把美國人打趴在地，「這是百多年來中外戰爭中，中國第一次揚眉吐氣。」[7]雙方最後在北緯三十八度線的板門店簽署和平協議，讓新建甫一年的紅色政權在世界上大大的露臉。

因此，「自一八四○年鴉片戰爭以來，中國在與西方列強（包括日本）的戰爭中屢次陷入慘敗或極其被動的局面，韓戰的結果使中華人民共和國獲得巨大威望，中國人的自信心大大增強，中國人民志願軍司令員彭德懷就此形容：『西方侵略者幾百年來，只要在東方一個海岸上架起幾尊大砲，就可霸占一個國家的時代，一去不復返了。』」[8]

韓戰爆發後，美國從觀鬥到養鬥

韓戰爆發之後，改變了世界對抗的視野與格局，六月二十七日，美國總統杜魯門下令美國第七艦隊巡弋臺灣海峽，防止中共乘機進攻臺灣，也防止國府反攻大陸。

6 齊德學著《你不了解的抗美援朝戰爭》，頁五～六，遼寧人民出版社，二○一一年一月遼寧出版。
7 李志綏著《毛澤東私人醫生回憶錄》，頁五十，時報出版公司，二○一五年八月二十五日台北出版。
8 維基百科。

六月二十八日，中華人民共和國的總理周恩來發表聲明，強烈譴責美國第七艦隊進入臺海是「針對中國領土的武裝入侵……公然違反聯合國憲章。」並宣稱韓國在美國的指使下入侵朝鮮是「美國爲侵略臺灣、朝鮮、越南和菲律賓製造藉口。」9

美國介入臺海，等於插手了國共的內戰，而與先前的態度完全不同了。

一九四九年八月五日，美國發表對華關係白皮書，嚴詞批蔣，認爲大陸的失陷是國府領導的責任，與美國的政策無關，不僅爲美國開脫，還袖手旁觀，落井下石，停止對中華民國的軍經援助。

臺灣此時風雨飄搖，內有強敵的窺伺，外有盟友的背叛，中共一九四九年如能一舉攻下金門，順勢進兵臺灣，此時順風而呼，國民黨的殘兵敗將與流民就聞風喪膽，不戰而自潰了。

一九四九年七月十日蔣介石曾訪問了碧瑤，有人懷疑他打算在菲律賓設立中華民國的流亡政府，他可能作了有一天臺灣不守的準備了。然而古寧頭大戰的勝利，拯救了國府；韓戰的爆發，拯救了臺灣。

一九五四年九三砲戰，爆發了第一次臺海危機，因此同年十二月三日美國與中華民國簽訂中美共同防禦條約，臺灣取得了美國的保護傘。毛澤東現在蓄蘊了一種惱怒，把蔣介石與美國，也看作是一而二、二而一的敵人了。

美國爲什麼對臺灣轉變態度，因爲美國從韓戰得到一個教訓，認爲要防制或圍堵中共，只有扶植臺灣。美國已從觀鬥者，搖身一變成爲養鬥者。這是美國的戰略思想，至今維持不變。

中共空軍上將劉亞洲說：小戰靠武器，中戰靠國力，大戰靠思想。美國幾十年前已把日本與臺灣當作是對抗中國的伏兵，無疑的就是這種戰略思想的結果。

9 維基百科。

現在美蘇兩大陣營的冷戰格局已經形成了，臺灣依附華盛頓進入了美國的勢力範圍，成爲冷戰的馬前卒；中共向蘇聯一面倒，成爲莫斯科的勢力範圍，並成爲對抗美國的投槍。

韓戰爆發，使國府免於危亡

蔣介石一心一意要反攻大陸，以金馬爲兩個進攻拳頭，所以就利用美國來對抗中共；毛澤東要血洗臺灣，完成統一的曠世大業，就用蘇聯來對抗美國，兩個依附者都找到了鬥爭的靠山，美蘇兩大陣營假藉蔣毛兩人之手，在金門作爲一種政軍較量。

因此，哈佛大學東亞語言與文明系教授宋怡明（Michael A. Szonyi）說「金門是冷戰島。」金門是毛澤東烤盤上的一碟小菜，金門人在冷戰島上受到熱煎，金門人在烤盤上驚呼、搶

紅色中國進行抗美援朝，毛澤東賠上了二十九歲愛子毛岸英（右）的性命，付出了慘重代價。

攘、萎頓與死亡，就成為冷戰圖譜的織錦，至今猶然歷歷在目。

韓戰是美蘇兩大陣營冷戰時期第一次交手，史達林叫中國人去死，要毛澤東進兵朝鮮，「戰爭對蘇聯的影響就十分複雜。一般認為蘇聯是最大贏家，史達林成功逼迫中國出兵對抗美國等盟軍，也藉此出售大量二戰賸餘軍事設備賺取資金物資，中國直到一九六五年才清償完所有欠款，中國官員戰後又抱怨蘇聯是『死亡販售商』（merchants of death），在韓戰期間出售大量劣質槍砲彈藥給中國，戰爭令中美爆發直接衝突，而蘇聯未正面介入。戰爭削弱美國實力，把美國超強的國力軍力從歐洲鐵幕一線的爭奪轉移到韓戰的泥潭，為蘇聯爭取時間在二戰後的廢墟上治療戰爭創傷，發展國防尖端技術，縮小了與美國的差距。」[10]

然而韓戰的爆發，也使撤退到臺灣的國府免於危亡的命運，因為中共出兵參戰，使準備攻台的軍隊北調，從此失去攻台的機會，而參戰的結果又與美國交惡，使美國認識到臺灣對牽制中國戰略地位的重要性，因而將臺灣重新納入防禦體系。日後簽訂的《中美共同防禦條約》即是基於韓戰的影響。

韓戰之後，美國扶植臺灣、孤立中共，也因此改變了對中華民國政府的態度，繼續承認中華民國政府為唯一合法的中國政府，及支持中華民國在聯合國的席位。

韓戰的結果把美國的勢力引進了臺灣，「一九五〇年七月三十一日，聯合國軍總司令的麥克阿瑟一行乘專機訪問臺灣。國民黨軍先后得到二十個步兵師的嶄新設備，一〇〇〇架各型飛機，二〇〇餘艘艦艇和八億美元的援助。就這樣，在新中國成立前后一度冷淡的台美關係，以朝鮮戰爭為轉機，進入一個新熱潮，中國人民解放軍跨海解放臺灣問題，增加了更大的難度。」[11]

---

10 維基百科。

11 洪群等著《圍頭——八二三砲戰紀事》，頁十八，政協晉江市編委會，二〇一三年十一月晉江出版。

毛澤東臥榻之側豈容美國鼾睡。中共這時整體國力、軍力與美國比較天差地遠，美國的第七艦隊橫亙臺灣海峽，毛澤東難越雷池一步，他氣美國不過，捉拿蔣介石不得，卻想要示威與發洩，就挾著莫斯科的冷戰餘威，師法史達林，也想要削弱美國的軍力，就以砲擊金門作爲鬥爭的手段了。

美蘇在金門，進行了代理戰爭

一九五八年，海峽兩岸貧弱的中國人都無法獨立自主。美蘇兩大集團的冷戰對抗，金門與德國的柏林圍牆、韓國的板門店，成爲全球三大冷戰的熱點。蔣介石擁抱華盛頓，毛澤東擁抱莫斯科，而以孫中山先生爲共主的政治較量，在金門演出美蘇兩大集團的代理戰爭。

蘇聯供應中共武器，美國爲國府撐腰，這一場典型的八二三砲戰，是透過國共兩隻蟋蟀的鬥爭所呈現的美蘇冷戰爭霸，而以兩岸人民的血肉爲祭品。這樣的中國政治格局，今天誰還敢侈言勝利？

美蘇兩個大人在相互叫囂與叫陣，打大人打不成，就打小孩示威。

因此，毛澤東在北京的中南海，盱衡世局，要給美國一點顏色，給國民黨一點教訓，就拿金門出氣。

毛澤東橫刀躍馬，揮鞭一指向金門叩關，一聲令下萬砲齊發，企圖打開固若金湯的「金門」。

仇恨，是戰爭的動力。

04 第一波砲擊：「斬首行動」

一九五八年八月二十三日傍晚六時三十分，中共對太武山金防部指揮中樞進行閃擊，國軍官兵猝不及防，傷亡慘重。

中共砲襲太武山掌握了機密情報，是有計畫的展開一場「斬首行動」，目標是瞄準蔣介石。韓國前駐華大使金信回憶錄——《翱翔在祖國的天空》中文版，透露了不為人知的祕辛：「中華民國撤退來台後，對『匪諜』防不勝防。中共發現，臺灣的官夫人常到香港血拚，因此派匪諜暗中親近以探聽消息。有次蔣中正貼身幕僚的人太到香港玩，一下子就急著返台，她無意中告訴匪諜，老公要到金門出差。中共得到情報，就在蔣中正預定抵達金門的八月二十三日，瘋狂砲轟金門，誰知蔣中正臨時有急事折返臺灣，逃過一劫。」[1]

按照金信的說法，八二三砲戰是中共準備打蔣而引爆的，沒想到蔣介石提早來也提早回去，而金防部三位副司令官則成為替罪羔羊。

1 《聯合報》，張錦宏，二〇一六年四月二十一日台北報導。

翠谷是胡璉將軍的指揮中樞，中共的第一波砲擊就瞄準往死裡打，打的胡璉將軍頓失勝兵先勝的兵威，而完全處於被動的局面。以兵論勢，國民黨先輸了一著，胡璉將軍要負這個責任。

八月二十日，「蔣總統巡視金門地區，在辛苦了一日之後，回到北太武山胡璉司令部指揮所一個叫翠谷的營區內用餐。餐畢，這位砲兵出身的總統，看了一下營區的地形，估計著這個翠谷在大陸砲兵火力打擊的範圍內，嚴厲批評了胡璉，並立即要求搬到已建好的南坑道。胡璉決定用兩天準備，二十四日和二十五日這兩天剛好是黃道吉日才正式搬遷。」[2]

然而據當時金防部上校副參謀長常持琇的說法：「第二天司令官即決定將現位於『翠谷』的司令部遷移至南坑道，但此項工作因須首先架設通信線路，及完成各項生活設施，估計最少需三天始能完成，然而兩天以後，一場震驚世界的金門八二三砲戰就突然來臨了。」[3]

觀眾可在「吉卜力的動畫世界」特展中，一睹在樹洞裡睡覺的龍貓。
圖／主辦單位聯合報系提供

新書爆祕辛 823砲戰 官夫人洩的密？

【記者張錦弘／台北報導】北韓發展核武是台灣「黑貓中隊」最先偵察到的？中共八二三砲戰，是因先總統蔣中正幕僚的太太，在香港無意中洩密給匪諜造成的？前韓國駐台大使金信，高齡九十四歲，是韓國開國元勳金九之子，他在大陸出生、接受教育，還就讀空軍官校。他的回憶錄中文版昨在台大發表，書中透露八二三砲戰、北韓發展核武等祕辛。

金信一九二二年生於上海，從小學到西南聯大畢業，我國空軍官校畢業後，曾到印度、美國受訓。他感念我國政府當年對韓國的協助，今年初捐款兩百萬美元（約六千多萬台幣），給台大社科院成立「金信論壇」與「金九講座」。

金信回憶錄「翱翔在祖國的天空」中文版，由中韓文化基金會董事長林秋山帶領一群留韓學者翻譯。林秋山說，他翻譯本書時，才發現書中披露很多連台灣人不曉得的秘辛。

林秋山舉例，書中提到中華民國撤退來台後，對「匪諜」防不勝防。中共發現，台灣的官夫人常到香港血拚，因此派匪諜暗中親近以探聽消息。

有次蔣中正貼身幕僚的太太到香港玩，一下子就急著返台，她無意中告訴匪諜，老公要到金門出差。中共得到情報，就在蔣中正預定抵達金門的八月廿三日，瘋狂砲轟金門，誰知蔣中正臨時有急事折返台灣，逃過一劫。

際舞台。

●台灣文博會展期五天，展至廿四日結束，前兩日為專業買家日，後三日開放一般民眾，廿二日、廿三日展出時間延長至夜間。

八二三砲戰，中共鎖定「斬首」蔣介石，前韓國駐華大使金信出書透露秘辛。

2 洪群等著《圍頭——八二三砲戰紀事》，頁二十九，政協晉江市編委會，二〇〇三年十一月晉江出版。

3 常持琇《八二三砲戰勝利三十週年紀念文集——八二三砲戰親歷記》，頁一〇六～一〇七，國防部史政編譯局，一九八九年四月三十日台北出版。

中共發動狼群攻勢，翠谷血肉橫飛

據大陸的說法：「八月二十三日傍晚，胡璉及幾位副司令在金門防衛部所在地翠谷為前一天剛飛抵島上『慰問』的『國防部長』俞大維設宴接風洗塵。當天的晚宴，胡璉已有醉意，遂決定先行一步返回指揮部休息，由三位副司令陪同俞大維。沒想到，解放軍從廈門的砲兵陣地發射的第一批砲彈便落在金門島的這個地方。

大陸的說詞有些誤差。其實在砲擊金門前，解放軍僅知胡璉指揮所設在北太武山反斜面山腳下，從大陸任何角度均無法觀察到其側背。可在前幾天解放軍剛好抓到幾個國民黨特務，供出金門防衛司令部方位，確認胡璉的老窩的範圍就由數平方公里縮小至數百平方米。

俞大維國防部長，戰前到金門視察防務，右後為金防部司令官胡璉將軍。

翠谷位置非常隱秘，一般情況下砲彈根本打不到，但那一天就有這麼幾發偏離彈道的砲彈鬼使神差般硬生生砸在翠谷，幾位『副司令』當場被炸得血肉橫飛，先行一步的胡璉則安然無恙，只差那麼幾秒鐘，胡璉又撿得一命。解放軍砲火之猛烈，讓在金門海域的美國海軍都目瞪口呆。次日早上，美軍通信聯絡金門，問：『金門還有沒有活人？』胡璉回電就一個字：『有。』[4]

當晚十八時三十分整個金防部的要員都到翠谷餐廳準備為國防部長俞大維接風洗塵。俞部長偕華金祥、汪貫一、楊文達等蒞金巡視。部長偕隨員早餐後八時渡海去小金門視察，下午二時返大金門視察。

陸總部陸官處長龔理昭偕新任五十八師師長張錦琨來金到差。司令官胡璉於十一時前往五十八師佈達。

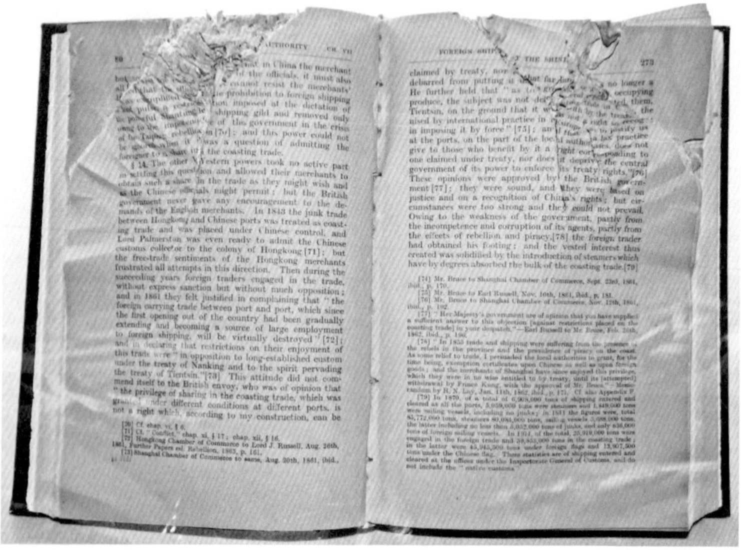

俞大維部長喜歡讀書，他腋下夾的一本英文書剛好阻擋砲彈的破片，及時救了他一命。

4 「國民黨悍將胡璉的最后結局」，摘自二〇一三年四月二十三日網路。

據金防部參謀長劉明奎戰後八二三日記補述：上午九時召集各師長及副官組長與龔處長座談人事問題，司令官意欲調鄒凱任砲兵指揮官，王興詩調第一處長，但張國英希望王興詩調副師長。

晚上六時三十分左右，俞部長剛步出坑道口，胡璉將軍有事耽擱還沒有出來。就在這個千鈞一髮的時刻，毛澤東下令砲擊的時刻到了，中共第一波的火砲瞄準翠谷，以一種迅雷不及掩耳之勢，發動狼群攻擊，砲彈像雨點落下，爆炸聲此起彼落，破片向四面八方激射，國軍官兵猝不及防，連躲都無處可躲，整個翠谷血肉橫飛，死亡枕藉，籠罩在一片硝煙之中。

第二次臺海危機爆發了，國軍來不及哀愁。

俞大維部長喜歡讀書，經常手不釋卷，腋下剛好夾了一本厚厚的精裝英文書《中華帝國對外關係史》（*THE INTERNATIONAL RELATIONS OF THE CHINES EMPIRE*），一顆砲彈落在巨石旁邊，破片向四處亂竄，俞部長想掩蔽都來不及，只能就地閃躲，因此破片向部長身體射去，後腦顱骨因此中彈，手臂也負傷，而腋下整本書內頁被削去了一大塊，剛好阻擋破片穿透的威力，俞部長因愛讀書而保住一條命，否則後果不堪設想。

翠谷中彈，俞部長身處險境，現在就由廖光華先生現身說法，還原當初的狀況。廖光華民國七年（一九一八）生，江西臨川人，當時在金防部政戰部擔任上校組長兼金門心戰指揮官。

金防部當時有四個餐廳，廖光華與其他組長以上的幹部循例前往參加晚餐會報，等候胡司令官到來，後來上頭傳令胡司令官將與俞部長在營區外的水上餐廳晚餐，所以就先行用膳，當吃了半碗飯的時候，共軍的砲火就鋪天蓋地而來。

三位副司令官慘死，似有先兆

廖老說：「水上餐廳其實只是一處有小橋相連的湖心小亭，金防部副司令官趙家驤、吉星文、張國英和兼政治部主任柯遠芬，都先在餐廳內等候，另一位副司令官章傑將軍則在橋頭迎接俞大維，」當砲戰響了，「趙家驤當場喪生，慘遭砲彈削掉了下半身；站在小橋上的章傑更慘，整個人都粉身碎骨，事後僅在池塘中撈起一條腿和一雙鞋子；吉星文胸部被幾枚彈片擊中，由張國英副司令官護送至醫院全力急救，延至次晨亦告不治。」[5]

三位副司令官慘死，劉黎初時任金防部第二處上校參謀、副處長，認為已有預兆。他說民國四十七年（一九五八）元旦升旗，「旗升到頂端，升旗的索無緣無故的斷了，……照軍中的話說，帥字旗是不可任意放置，放須有定位，出須有專掌，設有護旗官，升旗的索子斷了，是副帥之屬，因之趙家驤、章傑、吉星文三個均遭不測，以空軍章傑副司令官最慘，全身打得四散，遺留的東西，只有下腿與下顎骨一塊，腸斷肉飛，死狀至慘。我住的房子，被窩上、桌子上，血漬斑斑，血肉淋淋，一睹之下，怵目驚心，不覺頭皮悚然。」[6]

劉黎初因曾參加元旦升旗典禮，目睹慘狀有感而發，認為

第一波殉職的金防部副司令官：趙家驤中將（中）、吉星文中將（左）、章傑少將（右）。

5 《八二三戰役文獻專輯摘錄》，頁二〇一，桃園縣戰友協會，二〇〇五年八月桃園出版。

6 劉黎初回憶錄，摘錄《八二三戰役文獻專輯摘錄》，二三二～二三三，桃園縣，二〇〇五年八月桃園出版。

太武山的水上餐廳，當年胡璉將軍準備在這兒為國防部部長俞大維洗塵，已成為一個傷心地，讓人不願追憶。

隱微之中似有天意，覺得興盛衰敗，生死存亡，似有定數。他說「假如當天能聽總統蔣公的指示，遷往O.C.C.裡接待賓客，何能有此災禍？」

俞部長福大命大。胡璉將軍晚些出了坑道，也逃過了一劫。

俞大維，一八九七年生，父親是浙江紹興山陰人，母親是曾國藩的孫女，一九一八年十月二十一歲到美國哈佛大學讀哲學，憑著他的天賦與努力，三年就取得博士學位，畢業後又至德國柏林大學深造，專攻數理邏輯哲學，後因興趣逐漸轉向彈道研究，成爲彈道學的專家，也因此奠定了兵學的深厚基礎。

一九二九年六月陳儀邀請俞大維回國服務，任軍政部參事，後來歷任兵工署長、軍政部次長、交通部長，到了撤守臺灣之後，「蔣介石一九五〇年三月復職之次月，即任命俞氏為『國防部長』，在風雨飄搖的五〇年代初期，臺灣孤島風聲鶴唳，解放軍即將渡海解放的傳言四起。美國方面又處心積慮，除掉蔣介石，以親美之傀儡人物替代之，以遂行其臺灣中立化、臺灣交聯合國託管，進而由美國直接染指臺灣之野心。蔣介石啓用俞大維為防長，有幾層對內對外之政治意涵：其一、俞大維曾經留學美、德，與西方淵源頗深，美國因厭惡蔣介石不聽美國指揮，故於國共內戰中期停止軍械經濟援助，並且放話如果蔣介石不放權給『開明派人士』（意即留美親美派），將不恢復軍經援助。其二、俞大維做過很長一段期間軍政部次長，抗戰以迄國共內戰，對民國政府獻替良多，表現傑出，擔任防長，熟門熟路，況且任用俞氏尚可堵塞同為留美系統，有親美動搖之嫌的孫立人。其三、可以制衡國民黨軍體制內，傾軋嚴重之黃埔系人馬，既不致墜入派系惡鬥之漩渦，又有利蔣氏父子在臺灣孤島整頓軍隊。」[7]

俞大維是一個文人國防部長，以「經文緯武奇男子；特立獨行大丈夫」的節概，當此風雲際會，他以深邃與博學的人文素養，剛好與大陸武將出身的國防部長彭德懷相頡頏。毛澤東詩云：

山高路遠坑深，
大軍縱橫馳奔；
誰敢橫刀立馬，
唯我彭大將軍。

俞、彭兩人就在金門這個小島，展開一場世紀性的大對決。

7 王丰著《刺殺蔣介石》，頁三七二～三七三，時報文化公司，二〇一五年十月十六日台北出版。

金防部被打癱了，電訊連絡中斷

中共第一波砲擊十五分鐘，國防部長俞大維受傷，金防部整個指揮系統被打癱了，當初情況到底如何呢？只有身歷其境的人，才能說得清楚明白。

充員兵陳嘉坡，八二三砲戰時剛好在金門防衛司令部擔任通信報務士，負責總機房的工作；也就是在O.C.C.（載波台）工作，負責對臺灣的軍事聯絡，共有四線，他說當時台北國防部代號是「亞洲一號」，金防部是「九龍」，到了八二三戰役期間，為了防止中共偵聽，改為「中興一號」。

蔣介石戰前巡視金門防務，特地去太武山頂看了O.C.C.的發射台，還跟胡璉將軍與馬貴驤上尉在門口合照。

蔣介石（中）巡視太武山無線載波台，與馬貴襄（右二）、胡璉將軍（左二）等人，在電台門口合影。

通訊台是最敏感的工作，所謂春江水暖鴨先知，陳嘉坡說八月上旬伊始，報務內容開始緊張，雖然口不能說，但心裡明白，等到後來蔣介石與俞大維先後訪金，司令部下達提升戰備令：「自己衣帽寫上姓名、血型、兵籍號碼，出地下室（總機房）要戴鋼盔。」[8]

「那時，幾乎每個弟兄都曾先寫好『遺囑』，並向知己的戰友交代『身後事』，特別是砲戰初期的兩周時間，在猛烈的砲火下，我想很多人像我一樣只管盡心地去作好自己應作的事，全神貫注，根本忘記害怕，隨時準備列入太武山下的『烈士牌位』中留名。」[9]

及至中共猛然砲擊，打得胡璉將軍一佛出世，二佛升天，金防部整個通訊系統都打癱了，聯絡中斷，實情到底如何？陳嘉坡先生當年就在現場，親身參與實務工作。

他說：「當時情況很混亂，我記得不錯的話，是晚上七點二十分左右發出被砲擊的電訊，晚上九點我下班以前就完成戰情報告的通話。」[10]也就是說晚上六時三十分中共開始砲擊，到七時二十分發出戰訊，中間有五十分鐘是空白的，金防部陷入混亂的空轉。

這時胡璉司令官與俞大維部長身處何地呢？他們怎麼應變與處置呢？

據當持琇的親歷記，他當時正在草擬一份「緊急戰備規定」，忘了吃飯時間，等到參謀提醒他的時候，已經是傍晚六時二十分，當他走出門外，發現胡司令官與俞部長仍坐在附近平台對談，他避道而行。就在這個時候，中共第一波砲彈如狼似虎撲到。

這裡出現一個疑問，有人說俞部長先行出來，準備到水上餐廳用餐，胡司令官則是與美軍顧問談話，當走到坑道口時剛好砲戰爆發，所以即時縮了回去，因此倖免於難。

8 同註五，頁一七六。

9 同註五，頁一七八。

10 同註五，頁一七七。

翠谷是太武山的指揮中樞，八二三砲戰爆發，俞部長正在右側牌子的位置，而胡將軍還未走出當面的洞口。

其次，砲戰一開始如急雷驟雨，半小時內沒有歇息，常持琇立刻躲進J.O.C.（Joint Operations Center），亦即聯合作戰中心坑道，這時坑道內電燈全熄，電話也告全部中斷。在這關鍵的半小時，俞部長與胡司令官相失，如果是對坐晤談，胡司令官一定會扶著俞部長趕緊避難，怎會各自逃生呢？因此，常持琇的說法不近情理，啓人疑竇。

不過他說：「我在坑道口，首先看到胡司令官進來，他急迫的問我：『看到部長沒有？』我報告他沒有看到進來，他驚愕中立即要他的侍從官出去尋找，約十分鐘後，有兩位憲兵攙扶著部長進來，額角帶有輕微的傷痕，但表情十分鎮定，……」[11]

事起倉卒，在這十幾分鐘內，俞部長身處怎樣的險境呢？俞大維部長由隨行竇

11 同註三，頁一〇八。

參謀迅速扶往左近一處山岩暫避，剛好一位徐志公的軍法組長經過，竇參謀突然叫住他：「別走！別走！部長在這裡。」

廖光華冒著砲火匍匐前進經趙副司官的辦公室，再轉往靠山邊的岩石下，這時恰好聽到叫聲，就爬過去察看，發現「部長上半身剛好躲進岩石，但下半身卻完全露在外頭，右前額被彈片擊傷，已經見血。」

俞部長經歷生死交關，現由兩名憲兵攙扶著進來，神情雖說是鎮定，其實是有些狼狽。

金防部一個半小時，陷入群龍無首

劉黎初回憶說，他當天四時（夏令時間應是五時）就去吃自助餐，約四點三十分（夏令時間五時三十分）就吃完，然後就去O.C.C.（作戰協調中心），先問觀測所得知對面動作頻頻，卻不明所以，就去觀測所旁的廁所小解，然後再回到O.C.C.，「尚未坐定，時刻是八月二十三日下午五時三十分（夏令時間六時三十分），敵人所有的火砲，刷的一聲，落在我情報桌子的門前，煙塵飛起衝進門來，『八二三』的砲戰立即開始。」

劉黎初立即採取應變措施，「我即要電話詢問各觀測所，由太武山、金東、金西、大擔、烈嶼，經過十五分鐘的時間，將各方情況問明，即搖電話去台北，報告國防部情報室。」

劉黎初是用有線電話，而不是載波台，所以他的通訊是用隱語：「今天天氣很壞，雨下得很大，請你放心，船不能動，海上風平浪靜，只是雨下得太大，後事如何，隨時報告，時刻是五時半（夏令時間六時三十分），此刻尚未停止。」

砲戰初起，以為中共要乘機進攻金門，因此，劉黎初以海上風平浪靜，船不能動，要國防部放心。

在情報桌上，只有他一人，等他處理完畢這些事，「驀地抬頭見司令官胡先生、與國防部長俞大維先生，坐在我的桌前。」俞部長與胡司令官研判應是先躲進J.O.C.，然後再相偕前往O.C.C.，了解戰況。

按照時間推算，這時應該是晚上七點鐘左右，常持琇說砲火不停打半個小時，人員根本動彈不得，而劉黎初也說日已西沉，進入暗夜了，夏天七點鐘天黑是合理的。此刻，他看到俞部長額角輕傷，已被繃帶裹好。劉說未等我開口，胡公問我：「情況如何？你看怎樣？」劉答：「四面只有砲擊，空中、海上，敵無行動。」

也就是說中共打了一個措手不及，把胡璉將軍打得團團轉，他敵情完全不知，無法掌握，怎麼能採取應變措施，下令還擊呢？

劉說沒有五分鐘，胡又問我：「前面如何？你看怎樣？」劉答以：「海上無行動，只有砲擊，比平常要打得重一點。」他說語音比前加重一點。「胡先生拿起鋼盔，與俞先生即想外出視察，」劉即刻報告：「報告司令官，此刻砲擊甚烈，不能外出，請部長與司令官再坐一會。」

他說二人聞言立即坐下，適時敵人一組砲彈正好又落在情報桌子門前，「如我不要求長官返回，胡、俞二公可能殞命。」

劉黎初說：「約有一個半小時的砲擊行動，敵人火力減弱，司令官與俞先生走了，已是下午七時（夏令時間八時），天已入夜。」劉老整個時間，要加一個小時的夏令時間，七時就是晚上八時。砲擊從六點三十分開始，到八時胡、俞二公離開O.C.C.，整整一個半小時，金防部完全陷於群龍無首，指揮系統癱瘓。

充員兵陳嘉坡說：「有人說當時金門被砲擊造成指揮電訊系統中斷五小時，這句話應要說得清楚些。事實上，金門電訊被炸致使線路中斷是局部的，其中以指揮部和砲陣地之間，以及各師指揮所較嚴重，但很快的被我們查線班的弟兄冒著生命危險摸黑接上。而金門和小金門是海底電纜，根本就不受砲擊影響，一直沒斷過。」

劉黎初說胡、俞二公被困一個半小時動彈不得；陳嘉坡說指揮部與砲陣地以及各師之間通訊中斷，因此處於挨打的局面，不說自明。至於時間有多長，陳嘉坡在O.C.C.內，按照他自己的說法「忙得喝口水的時間都沒有」，怎麼有餘力知道電訊幾時摸黑接通？

他接著說：「金門和臺灣之間有四條載波，一條不通，可以再換一條，也可以使用轉接的辦法，靈活變通。（按：此外，海軍雷達站與料羅泊岸海軍艦艇尚有無線電通話）。只是當時情況混亂，戰情不清楚，負責戰情報告的作戰官要逐一查問、等待回報，耽誤不少時間，但在晚上八點多砲擊停止後，不到三十分鐘完成大略的傷亡報告，並向國防部戰情中心回報，算是反應快的。」

也就是說大約在晚上九時左右，完成了戰情報告。由此可以想見太武山一受砲擊，死傷纍纍，大家忙成一團，三位副司令官傳出死訊，主帥又不見了，整個金防部雞飛狗跳可以想見。（以上節寫自《劉黎初回憶錄》）[12]

駐守烈嶼的第九師，師長郝柏村在八二三日記寫道：

「……今日匪砲襲擊，從圍頭以迄煙墩山，全面向我大小金門及大二擔瘋狂射擊九十分鐘，而以各級司令部、砲兵陣地、機場、港灣為主要目標，砲擊時各通信均中斷，尤金防部被襲，迄十二時始與常持琇（按：金門防衛司令部副參謀長）通電話，始知趙副司令官大偉已不幸成仁，吉副司令官星文重傷猶在休克中，劉參謀長亦負傷，可能砲擊時，金防部高級人員正陪部長晚餐也。」

12 同註六，頁二二八～二三五。

從砲戰爆發，烈嶼守備師與金防部整整失聯五個半小時，陳嘉坡說大小金有海底電纜，通信不受影響。郝柏村的說法，說明陳嘉坡在狀況外。這一段時間烈嶼都處於挨打的局面。

中共先聲奪人，國民黨損兵折將

翠谷之失，是國軍整場八二三砲戰的重點之一。

中共擅長以先聲奪人之勢，爭取到戰爭的有利基點。八月二十三日晚上，共軍雲頂岩第二波上報的戰果，石一宸將軍是這樣寫的：

「晚上，金門島上的一架C-46型運輸機也閉燈起飛，連夜飛往台北。前來送行的是金防部司令長官胡璉。登機者爲頭纏繃帶的臺灣國防部長俞大維。隨行的物品是一件棺木，盛殮著金防部副司令趙家驤。另有兩位副

這是從烈嶼湖井頭窗口透視的廈門雲頂岩，中共當年就從這裡回報戰果。

司令陰差陽錯，未能搭上國防部長的專機。」[13]

俞大維部長受輕傷，要求駐金之美國首席顧問開具「中共先發動攻擊」之證明，於深夜乘一〇四（沱江號）軍艦至馬公[14]；憲兵呂芳煙當時到場戒護：「八月二十三日深夜，國防部長俞大維在巡視金門防務後準備搭船返台，我奉命護衛長官到碼頭搭船。那天，我很幸運地同時見到俞部長和金門司令官胡璉將軍。胡將軍親切祥和，一臉書卷氣，看起來像是一位皓首窮經的儒者。」[15]並非如中共所說的搭C-46型運輸機回台北。

趙家驤，一九三六年考入陸軍大學，第十四期畢業，從排長幹起，二十二歲就任營長，是國軍中最年輕的營長之一，抗戰與勦共都立下不少汗馬功勞。一九五一年擔任陸軍總部參謀長，一九五五年奉調第一軍團中將副司令兼參謀長，隨即出任金門防衛司令部副司令官，所到之處多有題詠，是一位儒將。

趙家驤幼年時未經家人允許，立志從軍，投身軍旅在吳佩孚的麾下。將軍戰死在沙場，馬革裹屍，也許正符合他少壯之志。

另外兩位副司令官，章傑少將在第一波砲擊時被炸飛，遍尋不見人影，第二天才發現已殉職；吉星文中將身受重傷，正同死神搏鬥，三天後也回天無術。

據常持琇說：「經送五十三醫院急救，時間已近午夜，醫院認爲須立即輸血，但本身並無血庫，

---

13 同註二一，頁五十五。

14 同註五，頁五三。

15 葉華鏞撰述《金門八二三參戰老兵回憶錄》，頁二十五，中華民國八二三臺海戰役戰友總會，二〇〇八年八月二十三日台北出版。

於是我設法通知醫院附近守備團團長張祖光，他很快調來一排兵力冒砲火趕赴醫院，輸血約三千西西，……」[16]

中將軍醫署長楊文達當時就在現場，「吉將軍星文全身鱗傷，到院後立即予以手術處理，將全身多處碎彈片取出，傷情稍加穩定，但後來方知腹內仍留有一極小的碎彈片扭轉入腸，不幸三日後發生腹膜炎終告不治，令人感嘆！」[17]

國民黨損兵折將，「一個星期後，通過各方的情報獲悉，八月二十三日的砲擊，共斃傷國民黨軍六百餘人。」[18]

章傑少將，飛行員出身。「據他的夫人張延芳說，八月二十三日晚餐時，她見大女兒將一朵白色的茉莉花插在頭上，就大罵大女兒，之後心裡就一直悶悶不樂，第二天一大早，便得到夫君身亡的消息了。」[19]

吉星文將軍在彭湖接到平調至金防部的命令後，便欣然前往，決心在前線幹出一番大事業，希望像抗日一樣樹立功勳。一九三七年七月七日，「一聲刁斗動孤城，報道強敵夜攻兵」，吉星文率軍在宛平縣打響第一槍，揭開了八年抗戰的序幕，從此蘆溝曉月蘸碧血。

16 同註三，頁一〇九。

17 楊文達《八二三砲戰勝利三十週年紀念文集——八二三砲戰當夜傷患急救情形》，頁八十九，國防部史政編譯局，一九八九年四月三十日台北出版。

18 同註二，頁五十七。

19 同註二，頁三十三。

中國大陸對他的評價，「當時，他是宋哲元部三十七師二一九團團長，也以其極爲光彩的抗日英雄形象，走進中華民族最爲悲壯輝煌的一段歷史。抗戰時他堅持與士兵同甘共苦，浴血奮戰，每人一把大刀，令日軍聞之喪膽，一曲雄壯的《大刀進行曲》唱遍中華大地。」[20]

《大刀進行曲》

大刀向鬼子們的頭上砍去，
全國武裝的弟兄們，
抗戰的一天來到了，
抗戰的一天來到了。
前面有東北的義勇軍，
後面有全國的老百姓，

咱們中國軍隊勇敢前進！
看準那敵人，
把他消滅！
把他消滅！

吉星文，字紹武，河南扶溝人，一九三七年是第二十九軍三十七師二一九團上校團長，奉命守蘆溝橋，開出抗日的第一槍。

20 同註二一，頁三十三。

（喊）衝啊！
（唱）大刀向鬼子們的頭上砍去！
（喊）殺！

（詞曲作者：麥新）

這樣的一位抗日英雄，不以其英風偉烈死在中原大地的抗日疆場上、鬼子之手，卻死在自己同胞手足的理念之爭、仇讎之刃、亂砲之中，英雄無名葬身海嶠，豈不令人良深浩嘆，低回再三。

中共第一波砲擊太武山之際，公車車掌李秉成剛好車過斗門，突如其來的砲擊，根本搞不清狀況，還來不及害怕，公車向前繼續疾駛。

大陸何厝的英雄小八路何明全表示，第一波萬砲齊發打到太武山，國軍三個副司令官傷死，大陸第一時間就知道了。

胡璉將軍，這位葉飛的剋星，他倆宿命的對決，成為國共相爭裡一段史蹟了，後世說書人的一點談助。

抗戰時敵強我弱，中華健兒以大刀隊的血肉之軀奮勇殺敵，讓日軍喪膽。

其實沒打死胡璉，葉飛頗爲扼腕，他的回憶錄寫道：「後來得到情報說，我們開砲的時候，胡璉和美國顧問剛好走出地下指揮所，砲聲一響，趕快縮了回去，沒有把他打死。要是晚五分鐘，必死無疑。」[21]

胡璉將軍，陝西華縣人，一九〇七年生，黃埔軍校第四期畢業，與林彪、高魁元、張靈甫同學，抗日時立下遺囑死守入川門戶石牌要塞，孫子胡敏越說胡璉將軍臉頰中彈整排牙齒被打掉，昏迷了七天七夜。胡璉將軍屬於陳誠的土木系，這一役固守了抗日的大後方，贏得「中國朱可夫」的美譽，獲頒青天白日勳章。現存金門莒光樓。

一九四八年底至翌年初的徐蚌會戰胡璉將軍空投到戰場參與指揮作戰，然而大廈將傾，獨木難支，只有一九四九年古寧頭大戰及時趕到應援，並側身指揮的行列，扭轉了國軍節節敗退的戰局，並成爲爾後的「金門王」，重新奠定了自己的歷史位階與人生價值。

毛澤東對胡璉的評價：「十八軍胡璉，狡如兔，猛如虎，宜趨避之，保存實力，待機取勝。」能得敵人首領的青眼，國軍將領中幾人能夠呢？然而共軍的猛砲有如武松的打虎棒，差一點把他斃死在太武山，胡璉雖然倖而未死，他的手下卻死傷慘重，壓力可想而知。

---

21 《葉飛回憶錄》，頁一五七，解放軍出版社，二〇〇七年三月北京出版。

翠谷當年風光明媚，三位副司令官為國捐軀，如今已改成明德公園，豎立一塊紀念碑供後人憑弔。

05 太武山崩了一角，蔣介石關切

中共首波砲彈致命性的一擊，三位副司官陣亡、參謀長重傷，打得胡璉將軍暈頭轉向、手足無措，中樞驚聞此噩耗，想必別有一番滋味在心頭。據廖光華表示：「胡司令官對砲戰初起即造成重大傷亡，頗有內疚之感，因爲老總統巡視金門時，曾一再耳提面命，叮囑應將工事地下化；而砲戰前數小時，即見中共砲兵將砲車拖到海邊打，並以發射煙幕彈故做演習狀，事後有不少同袍均覺得，我方似乎太掉以輕心。」[1]

這時戰爭初起，台北對胡璉將軍輕重不得，只有暫時由他撐著；然而層峰仍然表示深重的關切，立即寫了一封信給胡璉將軍：

伯玉同志吾弟趙吉章三同志因傷殞命，聞悉之下悲憤交集，未知劉參謀長等各同志傷勢如何？如其一時難痊，應即後送來台療治，其職務由弟派員代理或補實再行呈報可也，前方人員能少調動為宜。如

1 《八二三戰役文獻專輯摘錄》，頁二〇三，桃園縣戰友協會，二〇〇五年八月桃園出版。

紹牧不任第十軍參長，應即令其來臺候令，而其他人員中以為不多更動為宜，因臨陣易將自來所戒，惟有以其他方法補救其缺點也。二日來共匪所表現之動作還不是即時用兩棲登陸的正規戰法，乃其將先以陸（砲）海（魚雷）空（掃射與監視）的不規則之戰法長期困擾我外島，其目的先在消耗我戰力，降低我士氣，而後再用其兩棲登陸戰術總攻擊，以達其輕而易舉一擊即成之企圖，故我軍此時以維持士氣，愈戰愈奮為最要之工作，深信此種形勢（本星期內應有具體辦法之決定）總可於最短期內克服，但在前方將領應有持久奮鬥百折不回之精神，至少應作三星期（以我軍反攻準備至少亦要三星期以後方能完成）以上被敵困擾行所無事之準備，尤其在此第一星期之奮厲與沉著更為重要，望吾

弟督導全體將士再接再厲克底於成，凡後方接濟與對外交涉皆由中（正）完全負責，不必顧慮，惟希吾弟嚴督靜鎮，專以制敵以創造反攻復國之契機，是為至盼

順頌

戎祉

中正八月二十五日十六時

又二十三日來函已接悉，勿念。刻據彭總司令稱弟要求派副司令官三人，現先選定劉鼎漢胡翼烜二員，其餘空軍一人尚待空總呈保，又參謀長人選應由弟保薦，或派員代理勿延。（蔣介石的書函一氣呵成，標點為筆者所加。中間還另有眉寫一段如下：日前面報有團長應更動者與副團長增設員額事，皆可由弟以奉諭名義調動，勿必依照平時手續以免延誤。）2

2 劉鼎漢將軍著，《金門八二三砲戰回憶錄》，二〇〇九年十一月二十七日劉力平、劉國青台北出版。

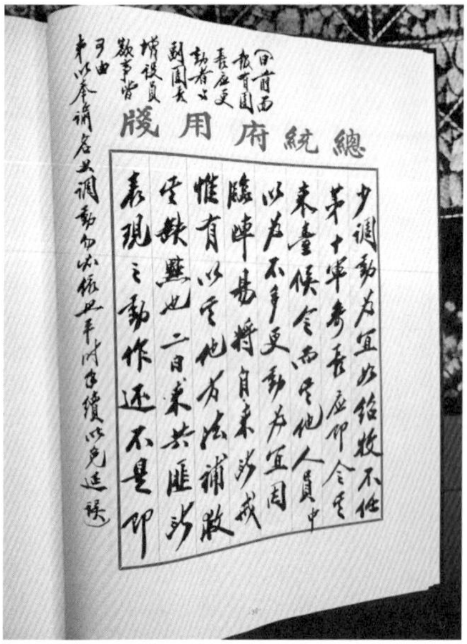
總統府用牋
少調動為宜以給敵不住
第十軍番號應即令其
來臺候令而其他人員中
以為不可更動為宜因
臨陣易將自來兵戒
惟有以其他方法補救
其缺點也二日來共匪砲
表現之動作還不是即
（目前西報有關各處更動者之副團長增設員缺事皆可由本部以參謀名義調動而必依照平時手續以免延誤）

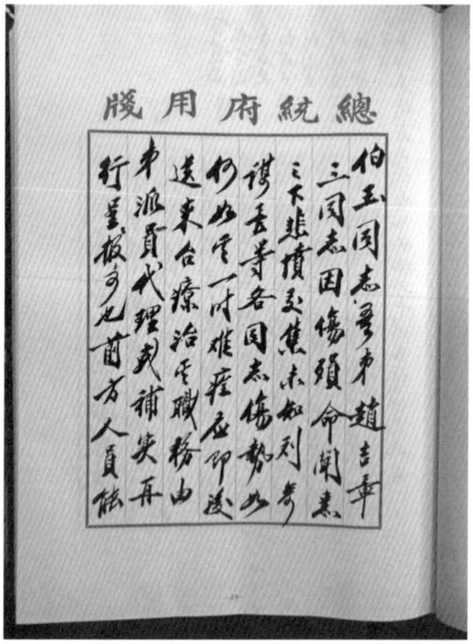
總統府用牋
伯玉同志：秀東、趙吉平
三同志因傷殞命，聞悉
之下悲憤交集，未知劉秀
謀、吳等各同志傷勢如
何？如其一時難痊，應即設
送來台療治，其職務由
本派員代理或補實再
行呈報可也。前方人員能

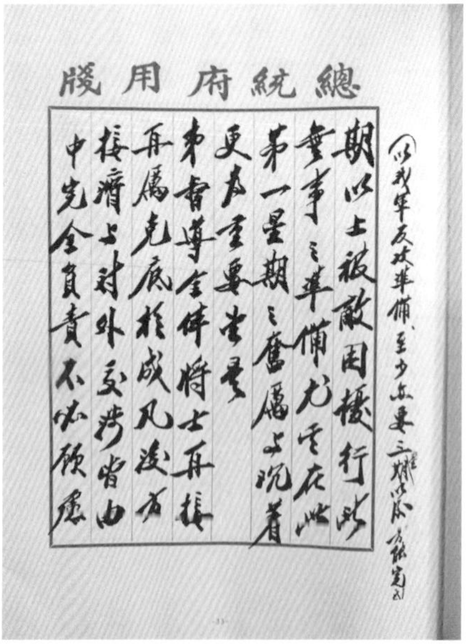
總統府用牋
（以我軍反攻準備，至少亦要三星期以上方能完成）
期以士被敵困擾行跡
暴露之準備，尤其在此
第一星期之奮厲與沉著
更為重要也
本會尊全體將士再接
再厲，克底於成，凡後方
接濟與對外交涉皆由
中央全負責，不必顧慮

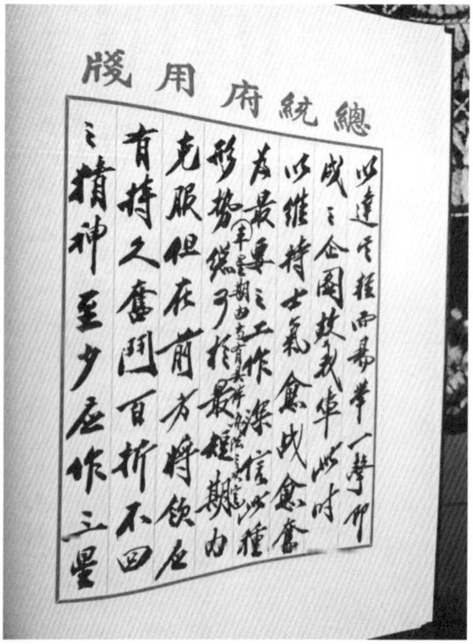
總統府用牋
以達其輕而易舉一擊即
成之企圖，故我軍此時
以維持士氣愈戰愈奮
為最要之工作。深信以種
形勢觀察於最短期內
克服，但在前方將領應
有持久奮鬥百折不回
之精神，至少應作三星

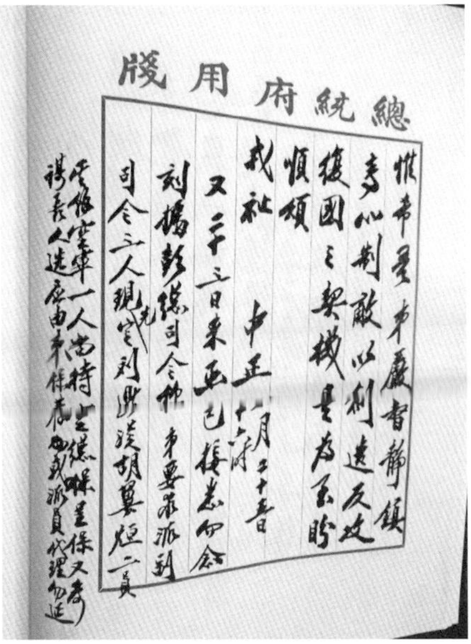
總統府用牋

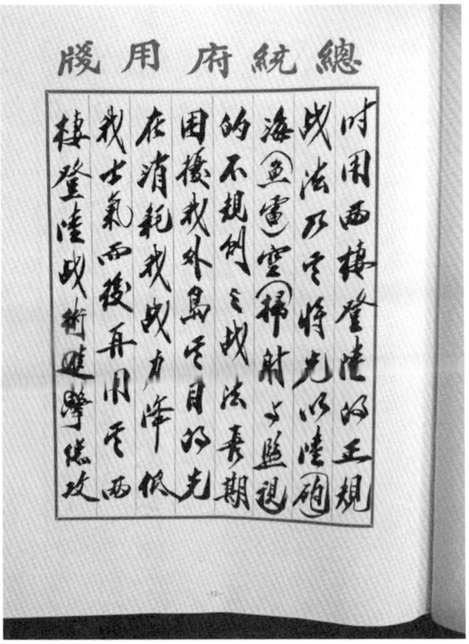
總統府用牋

金防部三位副司官殉職，蔣介石在台北聞訊，立即寫了一封信給胡璉將軍指示機宜。

劉明奎受傷，日記補述透露玄機

蔣介石信中對受傷的金防部參謀長劉明奎等人，垂詢關懷有加，劉參謀長素有「小諸葛」之稱，身受重創，他在後來的日記，補述當日砲戰發生以及受傷的狀況：

八月二十三日星期六氣候晴地點金門翠谷村

暴風雨的一日。

下午六時三十分匪砲襲擊金門，我負重創（右腿股骨粉碎，左下腿骨折，左上臂皮開肉綻，左胸部皮裂，左肺留存小彈片一塊），趙家驤、吉星文、章傑三位副司令官陣亡！俞部長頭部皮亦擦破。在四十五分砲擊時間內，匪曾使用四萬餘發彈藥，僅司令部所在地之翠谷，即被擊一千六百餘發，其襲擊之猛，與發彈之多，為前所未有！

我被擊負傷倒地後之一剎那，並未聞砲聲，僅感覺下體虛浮，自然倒下，著地後，始嗅到火藥味，聽到砲彈爆炸聲，並看到趙副司令官倒地捲（蜷）伏不動，背後一團血水。此時，我試著移動我的身體，右腳已失知覺、麻木，稍動即痛不可忍；左腳可以舉起，但下褲腳血染成紅，左臂可以舉起，鮮血直射，左胸部痛竦異常。初為爆破山洞被傷，既而始悟為砲彈擊傷，此時，砲響隆隆，灰沙蔽天，平日風景如畫之翠谷，轉瞬即成牆倒屋翻，哀號震天的淒慘景象！

我自被第一發彈擊中後，躺在水上餐廳門口四十五分鐘（匪砲擊激烈時間），周身血流如注，只用自己之常識，作緊急之止血（壓縮創口），幸祖宗保佑，得慶生還，真是生死一張紙薄。

至七時五十分，始到五十三醫院，照X光時，我覺得眼黑不能見物，心內發慌，即請姚了英院長，速與我裹傷止血，將我抬到手術室後，我曾見到軍醫署長楊文達少將，頭戴白帽，身穿手術衣，手戴膠皮手套，我向他打招呼，並說：「有你與我裹傷，我一定會好的！」此後我即不知道了。（如睡覺一樣，很舒服，無絲毫痛苦，人死就是這樣，我真過來人了！）

等到我醒來時，四肢酸痛，鼻孔插入氧氣膠管，很不自在，在旁守候我的人，這才笑了，面露驚恐的笑，我向他們說：「我睡了一會舒服的覺。」他們說：「你還說是睡覺，我們擔心你一覺不醒咧！你的血壓只有三十度，還在往下降，腳手都涼了，有吸氣，無呼氣，心臟僅有微弱的跳動，輸血不行了，幸好由食鹽水管內輸入，輸了八百西西的血，你才醒了呢。好危險啊！」

我聽了他們的話，我才知我正掙扎在生死邊緣，若不是國仇未報、家恨未消，對妻子兒女的責任未盡，我到（倒）是真願走完這人生的途程，去到那無知的境界，逍遙自在，死有甚可懼怕的？所畏者，未了的心願耳！第二天晚上國防部派來運輸機兩架，將我們重傷者運回臺灣治療，我就進入了陸軍第一總院，以後在醫護周到下，逐漸有起色，直到民國五十年十二月三十一日健愈（癒）出院。（段落是著者所加）

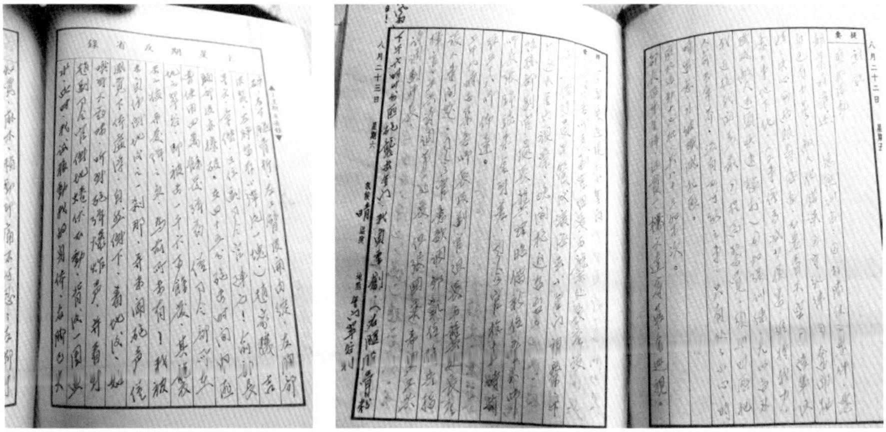

金防部參謀長劉明奎身受重傷，他在日後日記補述受傷的經過，語帶玄機。（周清吉／提供）

胡璉司令官銜哀奮厲，鼓舞民心士氣

胡璉將軍遭逢劇變，無形中好像被敵人重重的打了一記耳光，相信他的心情一定是悲痛與沉重的，他此刻已經沒有時間自艾自怨了，必須及時擦乾眼淚，負起守土重任，穩住陣腳，希望能扭轉屈居下風的劣勢，給台北一個交代，給自己的重責大任一個交代。因此他深感全島一命，存亡與共，立即鼓舞軍民士氣，寫了「爲迎接光榮的戰鬥告本島全體同胞書」：

金門全體父老兄弟姐妹們：

今日何日？乃是我們主奴分野存亡決定之日；此戰何戰？乃是我們生死關頭乾坤一擲之戰，從其本質言，是中華民族爭生存爭自由的正義戰，從其型態言，是全民戰爭的總體戰。茲值共匪進犯金馬已由叫囂轉變而為實際行動之際，戰爭序幕，業已揭開，本人身負國家重任，爰列舉數事，以為我全體父老兄弟姐妹們共勉：

第一全力支援軍事

軍人為作戰的主力，民眾為軍事的後衛，民眾必須軍人保護，才能享受自由安定的生活，軍人必須民眾

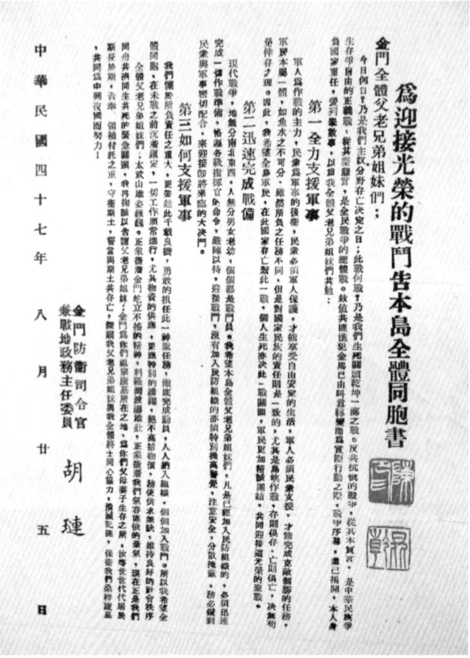

為迎接光榮的戰鬥告本島全體同胞書

金門全體父老兄弟姐妹們：

今日何日？乃是我們主奴分野存亡決定之日；此戰何戰？乃是我們生死關頭乾坤一擲之戰。反共抗俄的戰爭，從其本質言，是中華民族爭生存爭自由的正義戰，從其型態言，是全民戰爭的總體戰。茲值共匪進犯金馬已由叫囂轉變為實際行動之際，戰爭序幕，業已揭開，本人身負國家重任，爰列舉數事，以與我全體父老兄弟姐妹們共勉：

第一全力支援軍事

軍人為作戰的主力，民衆為軍事的後衛，民衆必須軍人保護，才能享受自由安定的生活，軍人必須民衆支援，才能完成克敵制勝的任務，軍民本屬一體，如魚水之不可分，雖然所負之任務不同，但是對國家民族的責任則是一致的，尤其是島嶼作戰，存則俱存，亡則俱亡，決無苟免倖存之理。因此，我希望全島軍民，在此國家存亡繫此一戰，個人生死亦決此一戰關頭，軍民更加精誠團結，共同迎接這光榮的聖戰。

第二迅速完成戰備

現代戰爭，地無分南北東西，人無分男女老幼，個個都是戰鬥員。我希望本島全體父老兄弟姐妹們，凡是已經加入民防組織的，必須迅速完成一切作戰準備，恪遵各級指揮官的命令，嚴陣以待，迎接戰鬥，沒有加入民防組織的亦須特別提高警覺，注意安全，分散掩蔽，務必做到民衆與軍事密切配合，來迎接即將來臨的大決鬥。

第三如何支援軍事

我們懍於所負責任之重大，更要趁此千載良機，勇敢的擔任此一神聖任務，徹底完成動員，人人納入組織，個個加入戰鬥。所以我希望全體同胞，在未戰之前沉着鎮定，一切工作照常進行，尤其物資的供應，更應特別的踴躍，絕不高抬物價，務使供求無缺，維持良好的社會秩序。全體父老兄弟姐妹們：太武山雄姿巍峨，正象徵着金門屹立不搖的精神，料羅灣波濤雄壯，正象徵着我們氣吞匪俄的豪氣，現在正是我們同舟共濟同生共死的緊急關頭，我再掬誠以告諸父老兄弟姐妹：金門為你們廬墓族墓所在之地，為你們父母妻子生存之所，汝等世世代代居於斯長於斯，吾奉 領袖付託之重，守衛斯土，誓當與斯土共存亡，深願我父老兄弟姐妹與我全體將士同心協力，消滅匪俄，保衛我們桑梓鄉園，共同為中興復國而努力！

金門防衛司令官
兼戰地政務主任委員 胡璉

中華民國四十七年八月廿五日

八二三砲戰爆發，金防部司令官胡璉將軍，痛定思痛之後，立即發表告「本島全體同胞書」。（陳昆乾／提供）

支援，才能完成克敵制勝的任務，軍民本屬一體，如魚水之不可分，雖然所負之任務不同，但是對國家民族的責任則是一致的，尤其是島嶼作戰，存則俱存，亡則俱亡，決無苟免倖存之理。因此，我希望全島軍民，在此國家存亡繫此一戰，個人生死亦決此一戰關頭，軍民更加精誠團結，共同迎接這光榮的聖戰。

第二迅速完成戰備

現代戰爭，地無分南北東西，人無分男女老幼，個個都是戰鬥員。我希望本島全體父老兄弟姐妹們，凡是已經加入民防組織的，必須迅速一切作戰準備，恪遵各級指揮官的命令，嚴陣以待，迎接戰鬥，沒有加入民防組織的亦須特別提高警覺，注意安全，分散掩蔽，務必做到民眾與軍事密切配合，來迎接即將來臨的大決鬥。

第三如何支援軍事

我們懍於所負責任之重大，更要趁此千載良機，勇敢的擔任此一神聖任務，澈底完成動員，人人納入組織，個個加入戰鬥。所以我希望全體同胞，在未戰之前沉著鎮定，一切工作照常進行，尤其物資的供應，更應特別的踴躍，絕不高抬物價，務使供求無缺，維持良好的社會秩序。

全體父老兄弟姐妹們，太武山雄姿巍巍，正象徵金門屹立不搖的精神，料羅灣波濤雄壯，正象徵我們氣吞匪俄的豪氣，現在正是我們同舟共濟同生共死的緊要關頭，我再掬誠以告諸父老兄弟姐妹；金門為你們祖宗廬墓所在之地，為你們父母妻子生存之所，汝等世世代代生於斯長於斯，吾奉領袖付託之重，守衛斯土，誓當與斯土共存亡，深願我父老兄弟姐妹與我全體將士同心協力，消滅犯匪，保衛我們桑梓廬墓，共同為中興復國而努力！

金門防衛司令官

兼戰地政務主任委員胡璉

中華民國四十七年八月二十五日

胡璉將軍告「金門同胞書」，下達到各戰鬥村村里公所，希望喚起民衆，共同對敵作戰，這份資料無意中被一位青年學生陳昆乾收藏至今，可能成爲海內的孤本，珍貴的史料。

另外胡璉將軍還發表以「中國國民黨金門地區黨務特派員辦公處告同志書」：

親愛的同志們：

反共抗俄，乃本黨第三期的革命任務，吾人深信此一艱鉅任務，必可獲得最後成功，溯自總裁繼承總理遺志次第完成革命事業，六十多年來，推翻滿清，建立民國，掃蕩軍閥，對日抗戰，靡不在劣勢條件下，消滅強敵，完成使命，此全賴本黨有正確的主義，英明的領袖和同志們此仆彼起勇往直前的革命精神有以致之；茲值朱毛奸匪砲擊本島，保衛金門的聖戰，即將展開之際，爰特揭示數事以為本地區全體同志共勉：

第一、貫徹組織命令，完成戰鬥準備，全體同志對於組織的命令，須以絕對服從之精神努力推行，務使黨的要求，貫徹到基層，到群眾，切收預期效果，在戰鬥之前，尤須依循上級指示，積極完成各種備戰措施，以萬全的準備奠定勝利的基礎。

第二、主動推行工作，鼓舞民心士氣，全體同志，應就各工作環境，主動積極推行宣慰、勞軍工作，期以振奮民心，鼓舞士氣，同時更應提高警覺，貫徹肅奸防諜措施，以維護社會秩序，確保戰地安定。

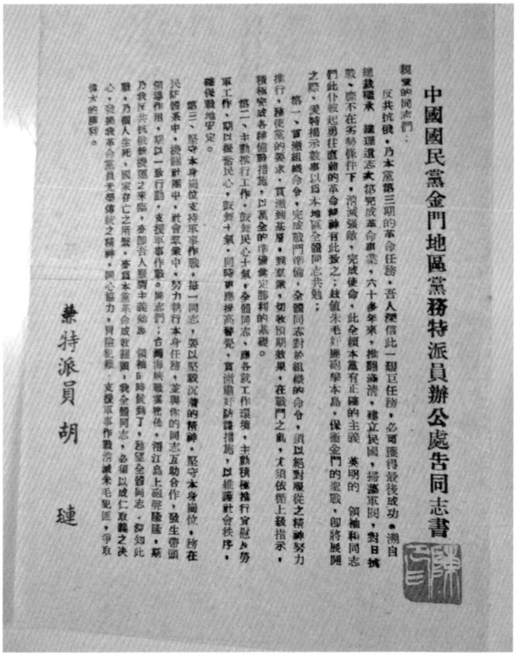
中國國民黨金門地區黨務特派員辦公處告同志書

親愛的同志們：

反共抗俄，乃本黨第三期的革命任務，吾人深信此一艱巨任務，必可獲得最後成功。溯自總裁繼承 總理遺志未竟完成革命事業，六十多年來，推翻滿清，建立民國，掃蕩軍閥，對日抗戰，無不在劣勢條件下，消滅強敵，完成使命，此全賴本黨有正確的主義 英明的 領袖和同志們此仆彼起勇往直前的革命精神有以致之；茲值朱毛奸匪砲擊本島，保衛金門的聖戰，即將展開之際，爰特揭示數事以為本地區全體同志共勉：

第一、貫徹組織命令，完成戰鬥準備，全體同志對於組織的命令，須以絕對服從之精神努力推行，務使黨的要求，貫徹到基層，到群眾，切收預期效果，在戰鬥之前，尤須依循上級指示，積極完成各種備戰措施，以萬全的準備奠定勝利的基礎。

第二、主動推行工作，鼓舞民心士氣，全體同志，應各就工作環境，主動積極推行宣慰與勞軍工作，期以振奮民心，鼓舞士氣，同時更應提高警覺，貫徹肅奸防諜措施，以維護社會秩序，確保戰地安定。

第三、堅守本身崗位支持軍事作戰，每一同志，要以堅毅沉着的精神，堅守本身崗位，務在民防體系中，機關社團中，社會群衆中，努力執行本身任務，並與你的同志互助合作，發生帶頭領導作用，期以一致行動，支援軍事作戰。同志們：台灣海峽戰雲密佈，浯江島上砲聲隆隆，斯乃我反共抗俄新機運之來臨，亦即吾人服膺主義效忠 領袖的時候到了，務望全體同志，深知此戰，乃個人生死，國家存亡之所繫，亦爲本黨革命成敗關頭，我全體同志，必須以成仁取義之決心，發揚我革命黨員光榮傳統之精神，同心協力，冒險犯難，支援軍事作戰消滅朱毛兇匪，爭取偉大的勝利。

兼特派員 胡 璉

胡璉寫了告中國國民黨同志書。（陳昆乾／提供）

第三、堅守本身崗位支持軍事作戰，每一同志，要以堅毅沉著的精神，堅守本身崗位，務在民防體系中，機關社團中，社會群眾中，努力執行本身任務，並與你的同志互助合作，發生帶頭領導作用，期以一致行動，支援軍事作戰。同志們：臺灣海峽戰雲密佈，浯江島上砲聲隆隆，斯乃我反共抗俄新機運之來臨，亦即吾人服膺主義效忠領袖的時候到了，務望全體同志，深知此戰，乃個人生死，國家存亡之所繫，亦為本黨革命成敗關頭，我全體同志，必須以成仁取義之決心，發揮我革命黨員光榮傳統之精神，同心協力，冒險犯難，支援軍事作戰消滅朱毛犯匪，爭取偉大的勝利。

兼特派員胡璉

這是國共兩黨在金門島上赤裸裸的鬥爭，幾十年來恩怨情仇的歷史重擔，要金門這個蕞爾小島一肩扛起。金門島冒著矢石，以花崗岩的堅毅挺住了「暴雨」與「颱風」（共軍砲擊代號）的摧殘；金門人以犧牲與奉獻的精神，金門人以鮮血與淚水的謳歌，共同寫就了反共的篇章，成爲這場砲火的歷史華表。

金門這座冷戰島，國共兩黨卻以熱烈的砲火相向，毛澤東一心一意要給美國人一點顏色看；砲戰初起，美國人對於毛澤東的起手式，到底怎麼回應的呢？高手過招都以起手式試探對手的斤兩，再決定攻擊的方式。

美國開始就關切，但選擇不介入

美國駐華大使莊萊德的反應，他於八月二十四日晚上十一時致國務院電報臚列了八點，其中第七點：「昨日和今天的砲擊，再加今晚空中轟炸，已清楚的說明中共露出侵略的非分之想。中共可能還在測試美國的反應，同時精心設計以製造額外的緊張。有可能中共還沒有機會評估杜勒斯致莫根信函的重要性，……」[3]

3 李仕德編譯《金門的戰爭與和平》八二三砲戰期間美國外交文書有關金門文獻選錄，頁七十九，金門文化局，二〇一四年五月金門出版。

杜勒斯八月二十三日致眾議院外交委員會主席莫根的信，到底有何重要的意涵呢？「我收到你八月二十二日的來信。

你信中提及中共逐步升高武力的事證，我們確實感到不安。此暗示他們可能在試探，想要嘗試以武力強制奪取金門或馬祖島。

如你所知，這些島嶼一直都在中華民國的手中，在過去四年當中，這些島嶼和臺灣的關係已變得更加緊密，相互依存關係也與日俱增。

如果中共企圖以武力改變這種情勢，並攻擊和尋求征服這些島嶼，若有人假想這是一種有限戰爭，我認爲這是十分危險的。我相信這恐怕已構成了對此一地區和平的威脅，因此，我希望並相信這種事不會發生。」4

杜勒斯寫了這封信不久，相信不會發生的事已經發生了，砲戰就已爆發了。這封信的關鍵用語是「若有人假想這是一種有限戰爭，我認爲這是十分危險的。」杜勒斯的警告，也就是莊萊德大使非常看重的原因。

其實毛澤東一開始就定調不打美機美艦，也沒有一定要攻下金門，他只想先砲擊兩三個月，再看看國際的反應，防止國際戰爭的擦槍走火。

然而美國的態度究竟如何？當時美軍臺灣協防司令海軍中將史慕德（V/Adm Roland Nesbit Smoot）的回憶錄：「美軍臺灣協防司令部係根據我們和中華民國政府所簽訂的共同防禦條約而設立的。這項

4 同註三，頁七十四。

條約明文規定美國將協助蔣總統和中華民國政府的軍隊防禦任何侵略者對臺灣的攻擊。」[5]中共砲轟金門，並不在中美防禦條約之內，因此當他抵台履新三個禮拜之後，八二三砲戰爆了。

他說：「這種突發的情況，使我們想到中美共同防禦條約，其中規定，假如對外島的任何攻擊危及臺灣本島的安全，我們即應協助外島的防禦。反之，我們祇能提供意見及後勤支援，而非直接的軍事行動。」[6]因此，美軍自始至終只是護航補給，遠離砲火的射程之外。

不過參謀總長王叔銘一直想「誘使」美軍介入戰鬥，「本人爲了和美方協調，曾費盡心思，竭力溝通；但是美國當時的立場與政策終不變動，雖然同情，且亦在多方援助我們，然而他們始終只採取備戰及觀戰的態度和動作。記得有位美國將軍好友，以玩笑的態度口吻向我說：『老虎，你不要拖我們下水嘛！』」王叔銘，軍中暱稱爲王老虎。[7]

砲彈擦身而過，它們怒目相向

中共砲打金門，美國不爲所動，結果只有自己國人同胞疲於奔命，那有損傷美國人分毫；翠谷砲擊打死美軍顧問團兩名成員，中共認爲美國不敢吭聲，就有阿Q式的精神勝利，完全曝露了中國人自卑與自大的本質。這段歷史砲彈知道：

5 《八二三砲戰勝利三十週年紀念文集》，頁三，國防部史政編譯局，一九八九年四月三十日台北出版。
6 同註五，頁六～七。
7 同註五，頁六十。

砲彈脹紅著臉
以一種奔赴死亡的速度
在空中擦身而過
它們彼此怒目而視
連一聲招呼都不打
必欲置對方於死地而後快

砲彈以神風特攻隊的精神
以炸得粉身碎骨為節操
葬身在歷史的章節裡
硝煙化作歷史的輕煙
碎片變成歷史的逗點

只有敗瓦殘垣迎風啜泣
只有房屋的刺青——反共標語
只有生民的印記——殘肢
所有這些在向歷史作最後的告白
好像聽到它們在向歷史無聲的吶喊

美國擔心中共發動八二三砲戰，會乘機奪我外島。圖為馬山一角。

06 第一波攻擊：翠谷中彈之謎

成仁，年輕時擔任軍中雇員，在夏興海門看到共軍戰機從料羅灣低飛拉高，轟炸太武山翠谷後揚長而去。

蔣介石八二三砲戰前夕巡視金門，對翠谷處於不利的位置，已提出先見之明的專業警告，中共第一波猛烈的砲火集中指向翠谷，在在說明三位副司令官是被砲彈打死的。

但是事實果眞是如此嗎？歷史陷入時間的長河裡，眞相有時隱藏在背後，今天就要廓清歷史的眞相，只得抽絲剝繭，讓相關各方的人各就所見提出看法。因爲，事實勝於雄辯。

成仁先生，金門金門城人，八二三砲戰時受雇爲軍中雇員，他說金門從新頭到后湖有八個海門，他是夏興第三海門的旗燈手，負責登陸艇搶灘的信號工作；那一天他看見中共的戰鬥機從料羅灣一路貼著海面低飛，發射飛彈擊中翠谷後揚長而去，守軍連機槍、步槍都拿出來射擊。他說這是親眼目擊的事。（成仁訪談時間：二〇一〇年一月六日　訪談地

點：金門金門城）

兩岸開放交流之後，大陸一位退伍的將軍向金門文史工作者黃振良透露，這架飛機從漳州貼著海面低飛，到了金門湖前海域拉高發動攻擊，這與成仁目擊的說法、路徑不謀而合，獲得了相關佐證。

翠谷中砲彈，還是遭火箭攻擊？

但是這樣的說法，求證兩岸關心八二三砲戰的人，都認爲不可能。自從簽署《中美共同防禦條約》之後，國民黨的飛機常到東南沿海偵搜、騷擾、轟炸，而中共建政不久，當時的空軍素質低，中國大陸人士認爲無法與國民黨的空軍相抗衡，然而事實果眞如此嗎？

至砲戰時，中共已組建了「六個航空師十七個航空團，共計五二〇架飛機了，並分別部署在福建境內的七個機場上了。」[8]

事實上光是福建省中共就有五二〇架飛機了，身負神秘任務突襲金門，並不是不可能辦到的事情。其次，翠谷在山坳，有人認爲中共的砲打不到，這一點已被蔣介石巡視時一口戳破。鄭有諒，金門峰上人，少將退伍，專業是砲兵，他說中共在砲擊前，已先模擬太武山翠谷的地形，從事砲擊訓練，所以才能一擊中的。

鄭有諒認爲孤證不立，光憑成仁先生目擊者之言，證據太薄弱了，而共軍退役少將的說詞，只是片面之詞，缺乏佐證，無法取信於人，他還是堅信是砲擊的結果，何況中共砲擊太武山的大砲，有一門現在還陳列在大嶝島的「英雄三島戰地觀光園」裡。這是他的專業意見，似乎也無法駁倒，所以就要繼

8 洪群等著《圍頭——八二三砲戰紀事》，頁二十六，政協晉江市編委會，二〇一三年十一月晉江出版。

陳良義手持當年出任務的軍用手電筒，一邊訴說看見共軍飛機來轟炸，一邊訴說他九死一生的經過。

續蒐集證據。（鄭有諒訪談時間：二〇一三年十一月十六日　訪談地點：金門縣文化局）

陳良義先生，受訪時七十六歲，金門後垵人，現住後浦，他曾經出了一次幾乎是死亡任務，提供他的親身經歷，可以作爲歷史的驗證。

八二三砲戰時他十九歲，在新市里街上與人合夥開金山號金子店，八二三砲戰當天他說中共飛機先來轟炸翠谷，然後砲彈隨後再打過來。

他親眼目擊中共四架米格十五的飛機從料羅灣海域方面低飛，然後大陸信號彈先打過來，在翠谷上空打了六、七十發，火光照天緩緩垂降，雖然是下午六點多，仍然看得非常清楚。

然後只見飛機拉高之後分成兩

隊，飛過來又飛過去，一組兩架在空中執行警戒，另一組兩架一架在空中掩護，一架從東邊雷達站下來以火箭射擊及五〇機槍掃射，隨後不及一分鐘砲聲隆隆而至，翠谷餐廳毀於一旦。飛機從十八坑道方向揚長而去，才聽見國軍高射砲火咚、咚、咚、咚的響。黃振良，西園人，當時只有十一歲，正在後珩割草準備餵馬，抬頭一看只見太武山的頂空，一片高射砲火。

陳良義說飛機從料羅灣低飛再拉高轟炸，然後國軍再發射高射砲火，這一觀點跟成仁的目擊是兩相吻合的。

陳良義去牽電線，目擊翠谷慘狀

中共第一波砲火打過來，新市街上哨音直響，陳良義以為是演習，心想演習怎麼會有飛機呢？山外街頭立時緊張的氣氛籠罩，夾雜著憲兵不斷的吹哨聲，示意大家趕緊躲起來。他發現苗頭不對，就近躲到憲兵隊的防空洞裡，在現今金湖鎮公所的邊上。

陳良義躲在防空洞口，自忖：「應該沒什麼關係吧！」這時憲兵吹哨子趕人：「進去一點！進去一點！」一部3/4（俗稱中吉普車）的軍車這時駛了過來，一位軍官下來，指著他說：「就是你們兩個。」吳×贊，在山外殺豬，跟他躲在防空洞口。

陳良義年輕氣盛，搞不清楚狀況：「幹什麼？」口氣不是很好。

「跟我去！跟我去！」

「幹麼？跟你去。」聲調拉的很高，沒好氣的跟他說：「幹麼跟你去，躲防空洞都已經來不及了，幹麼跟你去？」

副里長姓李，北方人，看不過去：「陳良義，你怎麼可以這樣講話，他是我們國軍的軍官，你怎麼

陳良義是有心人，他在家中客廳，還保存當年出任務的裝備。

對他吼叫呢？」

「不管什麼軍官，躲防空洞都已經來不及了，還跟他去幹什麼？」

副里長說：「今天在戰爭，你不去，不去就槍斃你。」

陳良義只有乖乖的跟軍隊去。他的吳姓同伴已經過世了，所以他成爲碩果僅存的親歷者。

陳良義一上3/4的軍車，有一位排長，一位士官長，一名駕駛，連他們兩名民防隊員，一車五人，四綑電線。他一上車就給他一頂鋼盔，一個水壺，一隻手電筒，一條S腰帶，裡面還附有急救包，這是金防部的車輛，他們要去搶修砲損的電線。這時太武山的砲火已停了，其他地方的砲火還在猛烈的打。

車子到了太武山的翠谷，陳良義放眼看不到一個人影，也看不到地上有任何屍體，只有隆隆砲聲像戰鼓一直響著，好像要把金門島吞噬一樣，整個翠谷餐廳被打爛了，附近亂成一團，難以通行，只見樹木折斷、倒掛，車輛東倒西歪，吉普車、3/4的車子與大卡車，左衝右突倒在溝渠當中，而地上的彈痕，陳良義說是整排咚咚咚……打過去，又整排咚咚咚……打過來。他說比好萊塢的電影場景還悽慘、還恐怖。

翠谷中彈翌日，山外村民陳金水像往常去軍營取溲水養豬，發現水上餐廳一帶：「慘不忍睹。」[9]士官長從翠谷總機裡牽出一條線出來，然後要陳良義他倆扛著，一夥五個人摸黑走電線溝，他說排長向一位可能是將軍的屍體敬禮：「長官借過一下。」

排長要陳良義踩過去，但是他不敢，只見馬路邊一個好大的彈坑。這位長官可能中彈被彈到電線溝裡。

排長說：「沒有關係，他已經過世了，沒有關係。」

陳良義就踩著空隙從肩頭跨了過去。

副司令官章傑被炸飛，趙家驤上半身被削掉，那麼陳良義當晚牽電線的時候，看到一位將軍躺在翠谷隔壁道路一條電線溝裡，下顎受重創，到底看到的是章、趙其中那一個人呢？

他們把電線牽到司令官的洞內再拉出來，排長與士官長走前面，陳良義他倆扛電線走後面，天很暗，一路爬山過嶺，不好扛也不好走，陳良義趁前面兩人走遠一點，就把電線踢下山去，電線一直滾一直滾，排長生氣：「媽的！搞斷了槍斃你。」

他們牽到太武山公墓這邊的後指部、砲指部，再牽到十八坑道運輸組、工兵組、醫療組，清晨四點多鐘從尚義五十三醫院出來，天已經亮了。排長與士官長在前面，用小跑步的，吹哨子：「快一點！快一點！」陳良義沒好氣的說：「跑不動啦！還快什麼快？」這時只見尚義醫院周邊的地上，東一堆、西一堆都躺滿屍體，用白布遮蓋住，約莫有好幾百人。葉飛說第一天斃傷國民黨軍六百人，說法應該是可信的。

9 許添陞，二〇一三年十二月十六日於金城金海岸餐廳轉述丈人生前的看法。

眼見兩人被炸飛，早餐吃不下

八二四的清晨，他們從尚義醫院拉好電線出來，走在馬路上，趕著要去坐車，剛好又開始砲擊，一時間只聽到「唰唰唰……」的聲音到來，還來不及反應找掩蔽就聽到爆炸聲，排長與士官長走在前面，兩人上半身被炸飛了，而破片從陳良義的胯下削了過去。

陳良義兩人目睹慘狀，驚呆了，駕駛要他們兩個人留在現場守護屍體，不要讓野狗吃了，他則趕快回去連部找人，帶了連長、輔導長等七、八個人拿了雨衣過來，把四散的碎肉撿到雨衣上面，連長與輔導長看了直流眼淚。

撿完屍體包好，送回連部，陳良義說不知是那個單位的，他告訴連長：「要送我們回去啊！」

陳良義回想八二三砲戰出生入死，不禁悲從中來，忍不住老淚縱橫。

「還沒吃早餐呢！」

「不要吃了。」

軍隊拿了菜脯、土豆仁（花生仁）以及半菜盆的稀飯要給他們吃。

陳良義說吃不下，就回家。回到家裡怎麼覺得腳溼溼、黏黏的，脫下褲子一看，只發現左右兩腿內側各畫了一道口子。

陳良義說中共打信號彈到翠谷上空以及用米格十五的戰機來轟炸。

「你有看到發射火箭彈？」

「有啊！開始以爲是演習，我感到很奇怪，怎麼飛機演習到這兒來。」陳良義說。

從翠谷的彈著點研判，砲彈爆炸後會向四周爆開，面積比較大，這像是從空中以火箭彈擊中，沒有向四周爆開，彈著點比較小。

成仁說八二三當天一部吉普車四處發信號彈，國軍發現兜捕，最後還是被他逃脫了。關於翠谷中彈，陳良義從一九五八年就一直說親眼看見共軍的飛機用火箭來轟炸，他的說法驚動了金防部。一九六〇年金防部政戰部主任（陳良義忘記是誰了，經查一九六一年初政戰部主任兼政委會秘書長為王和璞少將）請他到太武山吃飯。

秘書長說：「是事實不是事實，不可以亂講。國防部都沒有這個消息。」

陳良義說：「我講的都是事實，是

這是大嶝保留的砲彈彈著點，跟太武山翠谷彈著點對比一下，可以看出兩者明顯的不同。

我親眼見到的，怎麼可以亂說？不信，你們可以去向美軍顧問團求證。」陳良義說美國的西方公司總部設在溪邊，專門對大陸情報偵搜。「金防部後來到溪邊向美軍顧問團求證，發現我所言不虛。」

金防部參謀長劉明奎的日記明言：「我被擊負傷倒地後之一剎那，並未聞砲聲。」這一句話大有深意，耐人尋味了。如果翠谷首先受到砲擊，以中共萬砲齊發的聲勢，一定會首先聽到雷霆萬鈞的砲擊聲；如果是米格機從空中發射飛彈直擊翠谷，就不會先聽到砲擊聲，而只會聽到爆炸聲。

而且陳良義說他看到翠谷有中火箭彈的痕跡，整個餐廳都打爛了。（陳良義訪談時間：二〇一四年十月二十七日　訪談地點：金門金城）

因此，劉明奎參謀長的證言，無形中已透露翠谷是首先受到中共飛機火箭攻擊的可能性，提供一個最有利的佐證，所謂意在言外。劉明奎可能有難言之隱，但是他用虛筆輕鬆帶過，卻是空襲形象宛然。

碎骨連塘，一顆金剛舍利見真章

副司令官趙家驤中將在一九五七年曾品定新金門十景，其中第十景即為「翠谷蓮塘」，詩曰：

幽谷千層翠，蓮塘一貫珠，
春風生野草，夏雨漲新湖；
秋菊熬霜盡，冬陽逼歲除，
將軍儒術重，甲帳正投壺。

並說：「翠谷乃（金防部）駐節之地，蓮塘貫串，翠影扶疏，軒宇傍林，台榭涵碧。益以干城重寄，虎帳春風，彌覺朝氣常新，盎然蓬勃。故名人賢士，賓至如歸。」

「翠谷蓮塘」因諧音訛爲「碎骨連塘」，眞箇一語成讖。翠谷這個傷心地，現已改成「明德公園」。

國防部長俞大維送醫後檢視顱骨中彈，醫生評估這塊碎片以不開刀取出爲宜，所以當他一九九三年以九十七高齡升遐火化之後，取出了金剛舍利：

《一片彈殼》

那年的烈夏，有誰還記得
就是你這顆頭顱
跟那座剛強的孤島
怎麼將對陣的種砲
輪番的轟打給頂住

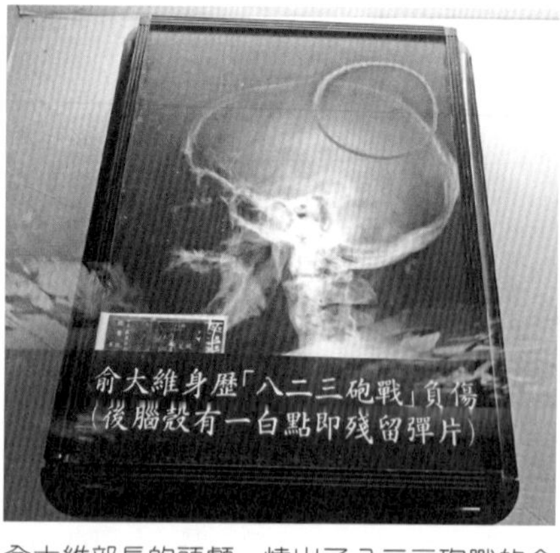
俞大維身歷「八二三砲戰」負傷
(後腦殼有一白點即殘留彈片)
俞大維部長的頭顱，燒出了八二三砲戰的金剛舍利。

今夏，熱烈的只剩老太陽
那場砲火早散了餘燼
除卻這一片薄金屬
彈道學一件例證
考古學一截樣品
鎖在你舊傷的深處

終於，焚化爐將你吐出
一過了火滌之門
再難分是劫灰，是砲灰
誦經聲中，高僧肅然
將一粒舍利子鄭重揀出
但是我，遠在南部
卻聽見一聲金屬的厲嘯
越過島上千般的爭吵
越過眾口不休的嘈嘈
從那堆火燙的灰裡
一截復活的彈身

三十五年後回頭喊魂

對著古戰場的方位
只為它永忘不了
在歷史呼痛的高潮
一片彈殼撞開一顆腦袋
是多亮的燭光啊多響的分貝

（余光中一九九三·七·十一）

附記：一位老將今夏去世，火化之後，在後腦揀出一小截彈片。

鵲山六九二營中校營長魯鳳三說，「八月二十三日十八時三十分，匪空軍先以戰鬥機向翠谷俯衝發射火箭後，迅即飛離。緊接著圍頭、深江、蓮河、大嶝、小嶝、澳頭、煙墩山及廈門等地，匪砲六百餘門突然集中火力，以同時彈著射擊，向我武陽地區——金防部所在地，瘋狂轟擊，彈密如雨，響如雷鳴。」這段文字見諸於國防部史政編譯局出版的八二三砲戰三十週年紀念文集二二二頁。國防部已證實了共軍先以火箭彈攻擊，應無庸置疑。

07 黑色中秋節，歷史呼痛的高潮

回首八二三苦難的歲月，金門人身心所受的荼苦，只有透過時光隧道，重回歷史的現場，才能重現歷史的眞貌。

那天是中秋節，月華如水，這個節日花好月圓，是全家團聚的日子。民眾過節本來應是飲酒、賦詩、賞月、吃月餅，享受著大倫之樂；然而此刻兩岸的砲火互駁猛烈，必欲置對方於死地而後快，打得嫦娥掩袖而不忍看，慶幸還好偷了靈藥。一九五八年的這一天，是金門歷史上最黑暗、最血腥的中秋節。

九月二十七日，中秋節日，空軍運輸機群，在金門大量空投中秋月餅、香菸，慰勞軍民。

同日，榜林民防隊，往料羅碼頭起卸補給品，匪砲正強烈向碼頭射擊，隊員呂主賜、呂主權、王天生三人殉難，許加勇、楊忠吼重傷，司令官優恤慰問。

《金門縣志》

榜林村民許乃諭，參與「鴻運計畫」搶灘的死亡任務，當時就在現場，對於同伴的傷亡至今記憶深刻，金門民防隊員並沒有鴻運當頭。

他說共軍的砲打個不停，同村的歐根盛躲到中字號登陸艇——俗稱開口笑的踏板之下，他覺得一直聞到一股香味，一發砲彈突然落到不遠處，砲彈爆炸破片四射，貫穿了踏板。民防隊員呂主賜、呂主權、王天生等三人殉難，許加勇與楊忠硯重傷，只有歐根盛毫髮無傷。

那天搶灘出任務，感覺氣氛很詭異

歐根盛大難不死，認爲祖宗顯靈來搭救，他伸手摸摸口袋還有十幾元，回家之後趕緊到祖先牌位前祭拜，並到廟宇燒香頂禮。歐根盛已過世，這是榜林村長許績用的轉述。繼子薛德成說，繼父聞到通天香——太武山海印寺的香味。

年輕時每逢農曆春節初九朝山，歐

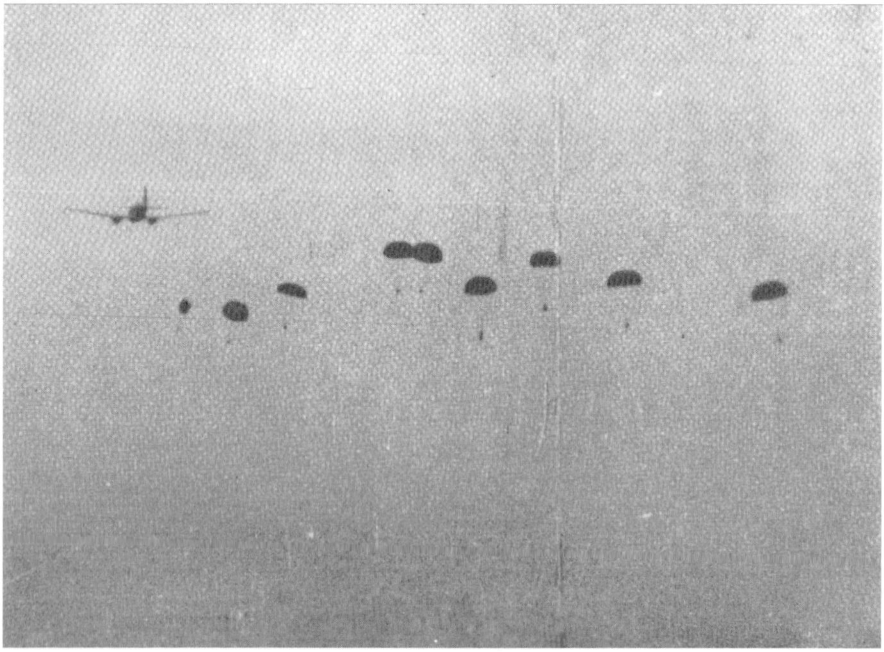

空軍使用C-46及C-47，對金門實施空投月餅，以鼓舞三軍士氣。

根盛都會去太武山的海印寺拜天公與禮佛，因此認爲菩薩來搭救。脫險之後，每年新春都上太武山拜拜與謝恩。薛德成說，繼父生前話不多，對於榜林村民的這一段歷史劫難，也少有提及。

許乃諭，當年與村民一起搶灘出任務，呼吸與共，生死相依。榜林、東洲與昔果山合爲一個戰鬥村，分爲三隊：

步槍分隊
擔架分隊
運輸分隊

那天一大早，軍車就來村口載運一百多位民眾出任務，由副村長領隊，直奔料羅灣，整個海灘靜悄悄的，不見一個軍人的身影，一艘登陸艇停在外海，民防隊員在岸上瞪著眼兒乾等著。許乃諭是步槍分隊，歐根盛是運輸分隊，兩人相去不遠。

國軍實施各種運補計畫，金門民防隊協同搶灘，力圖突破共軍封鎖策略。

不久之後，水鴨子從登陸艇載東西上岸，民防隊員就趕忙去卸貨。許乃諭說，今天卸的是麵粉。八月二十七日許乃諭已出過一次任務。他覺得今天的氣氛很詭異，跟上一次不一樣，心想：「這次可能不會像上次那麼平安了。」他先察看周遭的環境，以防萬一有情況可以趨避。

早上十時，來了一艘船，擔架分隊先去搶灘，砲擊，然而砲彈打偏了，大家安然無事。下午五時左右，太陽已經偏西了，民防隊搶灘搶了一天，因爲水已喝光了，沒有一滴水可以解渴，帶來的便當到了中午，也因爲天氣熱變溲而不能吃了。因此，大家又餓有渴。

這時有三艘水鴨子鼓浪前來，兩艘已先觸岸了，步槍分隊卸一艘，運輸分隊卸了另一艘。許乃諭說，此時共軍先打來兩發砲彈，落在海中；隨後再打兩發，擊中碼頭的尾端，越打越近，他一看苗頭不對，卸下肩頭兩包麵粉，趕緊三步併作兩步上岸，躲在麵粉築成的克難掩體。

八二三砲戰，國軍以LVT（俗稱水鴨子）冒著砲火穿梭海上運補。

中秋月濺血，突傳有人中砲受傷

隔不了多久，許乃水、許丕安上來說：「害啦！害啦！（閩南語，意即糟了！糟了！），隔壁船中彈了，有人在呻吟，不知是誰受傷？」

歐根盛此時踏著月光，急匆匆的跑上來，說他們的船中彈了，呂主賜等五人受重傷，已趕緊送往尚義五十三醫院。其中三人經過搶救回天乏術。

白天好端端的出任務，晚上軍車運回來冷冰冰的遺體。整個榜林村為之震動。薛德成說那時他年紀小，看見遺體放在滿是沙礫的大埕，只見一身是血，在中秋圓月的照耀下，一輪清輝透露著一種淒涼、悲冷的景象。

許加勇頸子、額頭與肩胛等三

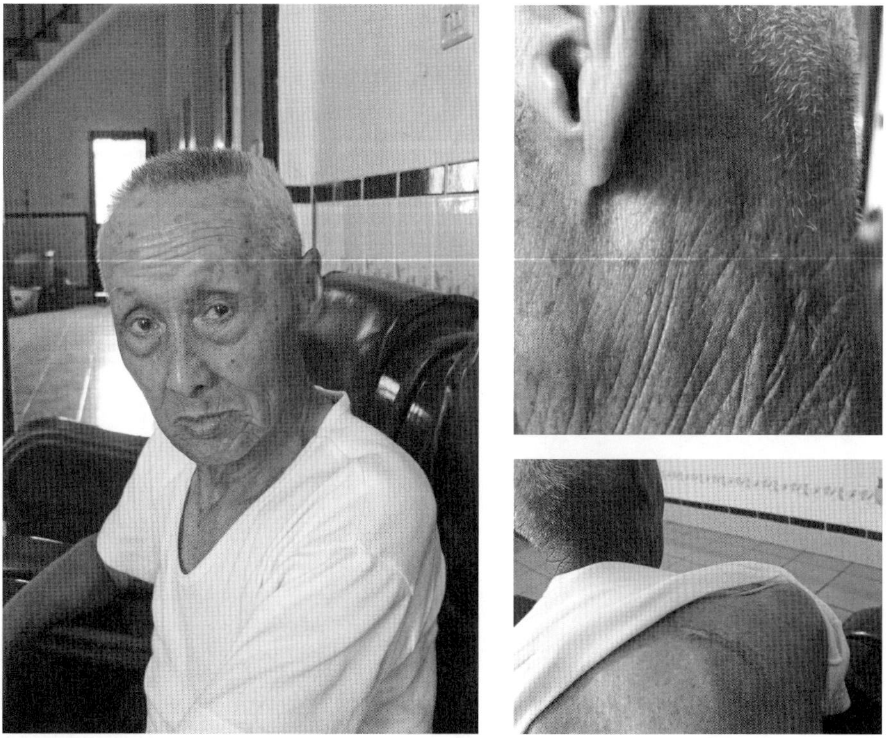

榜林村民許加勇搶灘受砲擊，肩胛與耳後受傷，血染灘頭，是倖存者之一。

處受傷，血流如注。他受訪時八十歲，回想當初後送的經過，先用水鴨子送上登陸艇，因為風浪太大，船隻顛簸太嚴重了，半途又折返，改送尚義醫院，隔了不多日，用一一九運輸機送往臺灣醫治，住院將近三個月。

許乃諭說隊員發生不幸，任務仍然沒有停止，三艘水鴨子已然登陸了兩艘，另一艘在水中拋錨了。大家此刻驚魂甫定，民防隊員一天沒吃沒喝，就用繩子把船拉上岸，這時大家已忘記時間的存在。民防隊做了一天工，已經筋疲力竭了，突然冒出一個阿兵哥，用閩南語說：「你們搬麵粉，月娘這麼亮，照在麵粉上，廈門觀測所看得清清楚楚，等一下又會砲擊。」

民防隊員本來已成驚弓之鳥，現在又聽到他這麼一說，心中不免毛毛的。這時忽然有人冒出一句：「走！」大家面面相覷，腳沒人敢動。另外一個又催說：「走啦！」閩南語尾音拉得很長，他一走，大家就壯著膽子跟著翹走了。一共跑走了四十三人。許乃諭說：「主要也是肚子餓。」

這事後來引起軒然大波，上頭派員深入村社調查到底是誰主謀，準備殺雞警猴，但始終不得要領，沒有人招供。民防隊被罰做苦工三天。

六人之中十年前許加勇碩果僅存。他說二十三年前得了腸癌，到臺灣醫治，身分證沒換過期回不來，因此一直滯留在臺灣。醫生對於他這麼韌命，也感到好奇。他說不識字，資訊又缺乏，沒有領過軍勤補償金，但已不願追究了。（許乃諭、許加勇訪談時間：二〇〇八年四月二十七日　訪談地點：金門榜林村）

王天生家屬，村民認為最可憐

榜林村民防隊員搶灘血染中秋節，薛德成說王天生的家屬最為可憐。

王天生殉難時，四十出頭歲，遺孀楊寶羨女士三十七歲，老母在堂，妻子在室，遺下三名女兒：一個九歲，一個五歲，一個周歲。寡妻、寡母及三名孤女，三代五女子零丁孤苦獨向人間。

楊寶羨，湖下的女兒，三歲時送給阿姨撫育，也就是後來的婆婆。因此，她稱爲母姨。她在榜林村勇敢接受訪談，一個八十六歲的老阿嬤，對於丈夫慘死灘頭，一個家從此殘缺不全，心中有話要說。她走過了艱辛的人生歲月，回憶起來仍然悲傷難抑、心情沉重。

農曆八月十五日，中秋節，天氣很好。那天一早，王天生要出門，就跟媽媽說：「阿嬸！我要去做工了。」楊寶羨說，王天生是一個忠厚人。

「你去。」媽媽只回了這一句。

楊寶羨說：「那時家庭貧窮，只靠自己種的五穀雜糧勉強度日。農曆八月十五日，中秋節，村民要去出任務，村公所的人說大家先拜一下天公（玉皇大帝），燒個香。」她說：「說要拜天公，根本沒有東西可以敬拜，只有一點花生，還有粿啊。那時做粿啊，沒有糯米，頂多是麵粉與地瓜粉參和。」

王天生拜完天公，吃完早餐就出門了。這一步踏出去，王天生就沒有再回來過，留給母親、妻子無限的傷痛。

傍晚有人來通知母姨：「妳兒子出事了。」

寶羨說：「婆婆整個人愣住了。」

王天生、呂主權與呂主賜等三個人的遺體用軍車載回來村莊裡，安放在一棵樹下。楊寶羨手中抱著最小的女兒，砲火仍然猛烈的打著，根本寸步難移。

母姨說：「我如果可以死，也甘願。」她一直想冒著砲火去看兒子一眼，村里的人勸她不要去。

母姨說：「兒子既然沒有了，即使會死，我也要去看他。」

楊寶羨說：「媽！妳不要去，砲打得這麼猛烈，妳不能去。」

母姨說：「沒有關係，我只有這個兒子。」天生獨子，是母姨娘家的哥嫂自小送給她撫養的。她的姊姊再把楊寶羨送給她當童養媳。母姨沒有生育。

那天晚上，月亮還高掛在天空，但看起來特別的刺眼，那種清輝瀉地帶著一種人世的淒涼。砲停了，村民簇擁到樹下，楊寶羨要去看一下王天生。母姨說：「妳抱嬰兒，不可以給我去。兒子已經這樣子了，妳要聽我的話。」

左鄰右舍的嬸母說：「一個人已經這樣子了，萬一再發生事情，教老人家怎麼辦？」

王天生死後，母親的眼哭瞎了

楊寶羨儘管哭得死去活來，還是忍著沒有去。等到鄰居幫天生穿好衣

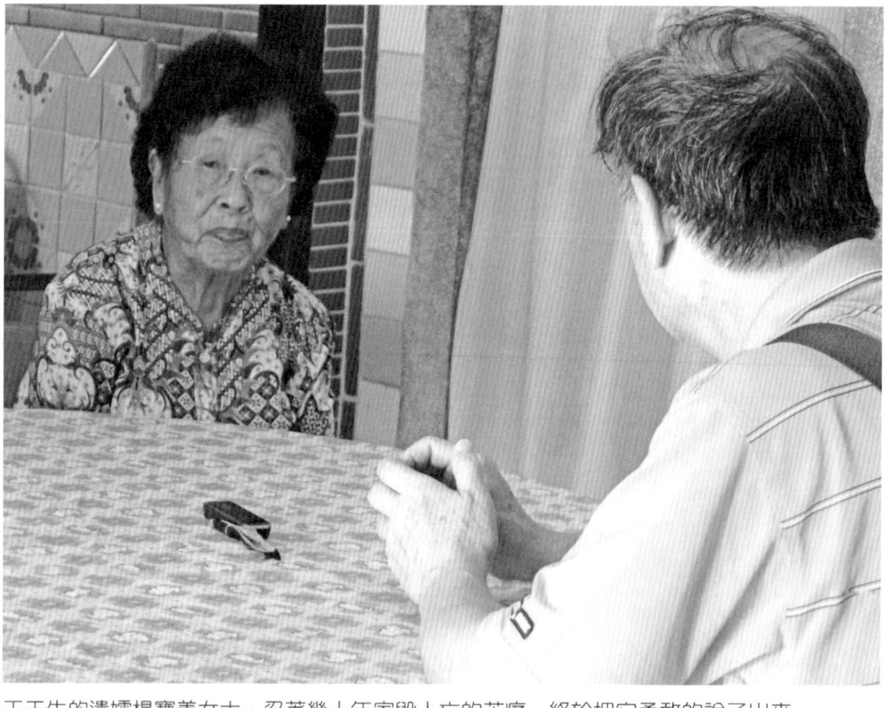

王天生的遺孀楊寶羨女士，忍著幾十年家毀人亡的苦痛，終於把它勇敢的說了出來。

服，她才去看他。寶羨說：「天生肚破腸流，把它塞進肚裡，然後用白麻珠（白麻布）把他包紮起來，再穿上衣服，臨時也沒有衣服可穿，就穿結婚時那一套唐衫。」翌日一早，村公所派人開壙，就在近郊草草掩埋。

天生死後不久，母親日夜傷心涕泣，眼淚哭乾了，眼睛也哭瞎了。楊寶羨說：「我捨不得離開她（講到這兒，寶羨鼻酸、哽咽）。」母姨那時六十幾歲。天生留下了一負重擔，要楊寶羨獨力擎起。她說以前公公在世，她不必上山；天生在的時候，也不用她上山幫忙。對於農事，她完全陌生，然而，現在一家五口都是女子，三個女兒，最大才九歲，還有一個眼盲的婆婆要照顧。楊寶羨說，她放不下，捨不得。她忍不下這個離去的心。

楊寶羨說每天上山耕作，要做沒氣力，不做沒得吃，一家老的老，小的小，都要靠著她來養活。天生早先養一頭牛，捨不得賣，現在天生歿了，人家就說妳養那一頭牛幹什麼？

楊寶羨說，這頭牛像她的「頭前子。」

隔壁的族孫說：「阿嬸，妳如果要耕田，妳跟我講一聲，我可以幫忙。」寶羨說孩子當時要到陳坑讀書。她心中感謝他體恤的好意，但不敢開口，因爲他讀書也很艱難。

楊寶羨每天早上出門，偷偷的牽著牛上山去拴。母姨說：「假如我們有困難，也是沒辦法的事。」可是楊寶羨並不這樣想，她等到沒人的時候，才暗地裡扛著犁上山。下午三、四點的空檔再去犁田。她說開始時亂犁，犁的歪七扭八，牛也不聽使喚。

漸漸的她犁得有個樣子，可以犁成栽種地瓜的「安茨股。」自己可以栽種地瓜，就可以有飯吃。一位遠房親戚說：「妳如果要栽種地瓜，可以跟我講，我來幫妳栽種。」她沒有去麻煩他。

種完地瓜之後要澆水，可是要汲水、挑水，她的氣力不夠，比那一頭耕牛還要累。她就趁著雨天去栽種地瓜，因爲下雨天可免澆水。

「妳那時生活很辛苦喔！」

「生活很困難，但是能向誰說呢？」

楊寶羨養了兩頭豬，長大之後賣掉得了錢，就去買一部針車，那時金門的駐軍很多，榜林村附近就駐守四門大砲，她就開始做女紅的生意，白天幫軍人修改衣服、車襪底。襪底做工多而細，一雙可以賺三塊錢左右。晚上就幫軍人手織毛線衣與毛背心。有人知道她的情況，就拿衣服給她洗。她說那時洗衣服的人很多，她只是兼洗而已。

一條人命，換來一個破碎的家

九歲的女兒上學了一年，放學回家的時候，看見媽媽在縫襪底，就幫忙縫。鄰居都稱讚大女兒能幹。她說小孩子吃比較缺乏，即使拜拜也只有

楊寶羨說政府並沒有特別關照，生死由之，只跟一般人領貧戶救濟品而已。

煮芥菜與蘿蔔而已。她說，幸好有救濟品。

「政府有沒有特別照顧妳們？」

「只有領救濟品，沒有特別的照顧。」

八二三美援的物資源源而來，救濟品發放是以甲級貧戶優先，乙級貧戶次之，視情況而定。

「天生過世，政府有沒有優恤？」

「政府有給喪葬補助費，那時母姨還在，是她經手，多少錢我不知道。」

後來政府有軍勤補償的政策，有人告訴她可以再申請，但是被打了回票。當時說是喪葬費，現在說成補償金，認定事發之時已經補償過了。因此，不得要領。她最困難的時間已經過了，一條人命換來的是一個破碎的家，以及暗夜流不盡的眼淚，又豈是那些金錢補償得了的呢？

鄰居的阿婆看她一個人承擔一個家，就跟她婆婆說長此下去不是辦法；然而婆婆不敢跟她說。有一個阿婆常來家裡走動，說某人人品有多好，她上山不在家。小女兒當時三、四歲，一看到阿婆，就說：「妳是壞人，不要來。」

隔壁的阿婆覺得奇怪：「爲什麼阿婆一來，小孩子一直趕她走？」

小女兒一直推阿婆：「你趕快回去，不要來。」

母姨雙眼失明之後，鄰居有人勸母姨說，這樣子下去終究不是長遠之計，要母姨勸楊寶羨自己要有打算。

隔壁阿婆對母姨說：「有人墓土還沒搧乾就走人了，爲什麼讓她捨不得離開妳，而沒有打算呢？」她一直跟母姨這樣勸說。

母姨最後回答說：「我不敢跟她講。」然後要阿婆問她的意思。

阿婆跟寶羨說：「妳三個小孩，還有一個婆婆，沒有打算不行。」寶羨說：「我現在要打算，」用閩南語說：「不成高，也不成低。」經過鄰里不斷的攛掇，後來叫了一位姓郭的退伍軍人進來，河南人。寶羨說：「我們要憑良心，他很努力，又節儉，對母姨很好。凌晨二、三點就起床上山農作，沒有肥料，就到營區挑水肥，中午人家休息，他也上山。」

寶羨就教他種高粱種花生種地瓜。郭男說：「妳怎麼這麼厲害，會耕作，還會犁田。」「我沒有辦法，碰到了，孩子要吃飯。」大女兒出嫁，是郭給的陪嫁妝奩。郭進門來，她再生了三個女兒，一個兒子。兒子現在臺灣做事，女兒有三人在金門，兩人在臺灣。郭男十幾年前過世了，她曾陪他回河南一趟。

王天生，楊寶羨說沒有留下照片。（楊寶羨訪談時間：二〇一二年九月二十七日　訪談地點：金門榜林村）

08 砲火無情，上帝何不垂憐憫？

妹妹呂瑞仁記得很清楚，一早軍車就來接人，那時她十二歲，目送著哥哥呂主權、呂主賜離去，沒想到這一別竟然是永訣，晚上載回來的是兩具冰冷的屍體，在中秋圓月的照耀下，在一個慶祝人圓月圓的佳節，在家人等待團圓夜飯的時候，格外顯得酸楚與淒涼，令人浩嘆。

父親呂裕炎，母親陳得，育有五個兒子：長子呂根陣，一九四六年出洋到新加坡，從此在人海消失無蹤；次子呂進財一九四八年左右出嗣西園舅父，後來落番到馬來西亞；三子呂主權；四子呂主展；五子呂主賜。

白髮人送黑髮人，老父痛入心肝

老父看到了兩位愛子慘死，白髮人送黑髮人，這是人間慘劇，天倫夢斷，痛不欲生。榜林呂家的家難，外人無法理解，眼淚只好自己往肚裡吞。

回想到八二三戰役的影響，呂瑞仁說只有四個字：「家破人亡。」

呂瑞仁說三哥呂主權遇難，二十七歲，留下了三名幼兒，最大的四歲，最小的只有幾個月大；五

榜林呂家二老呂裕炎（右）與陳得（左）。呂裕炎老來忍受遽喪兩子之痛，有誰能體會他的心情？

哥呂主賜，二十二歲，未婚。幾十年死生契闊，她是一位能文的女士，對於兄長長懷去思，文章悽愴感人：

《中秋追念兄長呂主權、呂主賜》

當金門這島嶼的軍民各機關在紀念八二三砲戰之日居五十五週年時，或許她們是以得勝愉快的心情來紀念吧！

雖然歷經五十五年，但我們永遠記得那個悲慘的日子，每逢佳節倍思親，尤其老爸尚健在時，逢年過節都獨自到山上哭泣，呼喚你們……。

五十五年前的九月二十七日，農曆剛好是八月十五日中秋節，一大清早，你們奉命到料羅灣碼頭，去搬運由臺灣運來的軍糧及用品，看著你們從家裡帶著便當、茶水出門，沒想到那竟是我們兄妹的最後一面。

還記得當晚，家裡面的人正在等待你們一起回來吃中秋團圓飯時，有人匆忙來報訊說，你們被載回在村外，要快去看你們，於是我扶著七十幾歲的老爸，嫂嫂抱著、牽著你年幼的子女往村外跑，急著要去探視你們，到了村外才知道，載回的竟是兩具屍體……，看到你們身上佈滿了麵粉和海砂，都被血凝固了……，看著你們不願瞑目的雙眼，那種景象依舊烙印在我的腦海，每當想起此情此景，哀傷的淚水便不禁湧出眼眶。

失去你們，整個家庭也跟著散了，幾過月後，主權哥你的老婆隨軍人去了，遺棄下四歲及幾個月大的三名幼兒，鄉親們勸老爸將最小的孫女送給別人，老爸抱著孫女一直哭著說：「我的子無去了，剩這三個孫，閣卡艱苦也不送人……。」

然而老爸年邁，又遭受喪子的悲痛，實在無力好好照顧他們，就將最幼小的孫女以每個月四百元請人照顧，兩年後老爸身體更加衰弱，在預知自己來日不多的情況下，將三名孫兒帶到臺灣，由基督教設立的育幼院託顧，可憐的老爸再次經歷骨肉至親生離死別之痛，不久後，他就病逝了。

哥哥，你們如同家的樑柱，樑柱倒，家也垮了，如今故鄉的房屋倒塌，田地荒廢，有些田地竟被占為國有地，申訴無門，要也要不回來。

當年你們的犧牲震驚金門，你們如同軍人般的戰死沙場，胡璉司令官還賜予殉國紀念狀，但，這有何意義呢？五十五年以來，國家從未對遺孤表示過關心或給予任何實際的幫助！政府對於臺灣人參與八二三戰役的，還有曾是金門自衛隊的，都將之納入（榮民），對遺孤遺眷給予長期照顧，然而對你們卻如此不聞不問。今年的中秋又到了，妹妹我只盼有公義人士能為你們及遺孤伸張正義，以悼慰你們在天之靈。

妹呂瑞仁筆

（金門日報副刊二〇一三年九月十九日）

歲月悠悠，妹妹呂瑞仁的悼念文，讀了讓人鼻酸。王天生的遺孀楊寶羨，她不會寫文章，然而滿腹的愁腸能夠對誰傾訴呢？八月十五的中秋節，是王天生的忌日，也是那名周晬小女兒的生日。小女兒這一輩子的生辰，都有父親不幸殉難的陰影。

每逢佳節倍思親，眼淚往肚裡吞

而同樣遭遇不幸的榜林呂家，每到中秋月圓之際，是兩位親人的蒙難日，當社會大眾歡喜慶團圓之時，就會想到那一年家人兩具遺體，躺在大埕的樹下，滿身沾滿了血跡，兩眼不願瞑目。

每逢佳節倍思親，對於呂家情何以堪？妹妹呂瑞仁無語問蒼天。一九六三年，呂裕炎以七十九歲帶著遺憾離開了人世，他沒有辦法看弱孫長大，他只留了一個兒子爲他送終。他與妻子很早就信基督教，兩個兒子的名字都隱含了基督教的意旨。當他要返回天家、回到主懷的時候，是怎樣的一種心情呢？

「砲戰起，鄉親不甘平白受害，發起『滅共保鄉』運動，由地方人士與社會團體共同在一週後的九月一日成立『金門滅共保鄉支援委員會』，黨部、救國團、軍友社、婦女會、漁農工商會等團體及地方人士組成，推陳卓凡先生任主任委員，王秉垣任總幹事，黨團同仁分任各組幹部，發起捐獻物資支援軍事，一週間計捐布袋四萬五千餘條，勞軍款二十二萬元。（當年是大筆數

呂主權、呂主賜昆仲魂歸天國，葬在金門基督教墓園。（呂瑞仁／提供）

榜林呂家只有「家破人亡」四字形容得，西風殘照，戰爭的苦果只由無辜的民衆獨吞。

額，無法以目前幣值等計，不過本人當時月薪四百元）因此，四十八年（一九五九）獲立法院張道藩院長頒發『金馬獎狀』。」[10]這樣的往事已經如煙，砲火、怒火消停了，只有受害者的家屬仍有切膚之痛。

回想事發當時，整個金門島爲之震動，所有民防隊員悚然而驚而懼，軍民同讎敵愾，士氣高昂。榜林三位民防隊員慘死，胡璉將軍認爲民氣可用，還頒贈殉國紀念狀，隨著物換星移，風雨的摧殘，這一張紀念狀仍然高掛在呂家崩塌的廳堂上，然而長期風雨漫漶，他兄弟倆的事蹟，已隨風而逝了；就像這張紀念狀一樣，已成爲一張殘紙。

呂家認爲沒有得到金錢的撫慰。呂瑞仁心不得其平，她記得父親生前一直嚷嚷：「一個兒子換八千元。」呂瑞仁說父親沒有看到公文，就要他蓋章，領了喪葬補助費每

10 許丕華〈謹向砲戰的夥伴頂禮獻敬——寫在八二三砲戰五十週年前夕〉，《金門日報》副刊，二〇〇八年八月二十三日。

胡璉將軍當年頒的「滅共保鄉」的殉國褒揚狀還掛在呂家的廳堂，家屬幾十年來椎心泣血之痛，這一顆破碎的心就像這一張殘紙一樣。

人八千元，他心有不甘。

時代的苦難，成爲生命的烙印。當後來申請軍勤補償金的時候，被打了回票，理由是當年已支付過了，可是家屬卻說當年明明說的是喪葬補助費。

歷史輕輕抹去，對家屬另一次傷害

呂家也認爲沒有得到精神的撫慰。死者已經無語，生者仍然有知，呂瑞仁帶著侄子，那個當年只有一兩歲的侄子，尋找父親爲國殉難的蹤跡，講述他的生命故事，但是卻發現歷史被輕輕抹去。

金門八二三戰史館，長年見不到一張民防隊搶灘的照片，他們的事功開始只在瓊林戰鬥坑道，展示幾張無關宏旨的照片與瓊林村的戰鬥編組圖表，後來在上面再增加幾件應景的民

呂家正在整修房屋，希望走出八二三陰霾，入門的地方蓋了一座防空洞，遠處可以見到一副門聯：「美哉輪奐光前代，允矣人文裕後昆。」呂家將再起。

防隊服與配備，看不出民防隊犧牲奉獻的靈魂；當年不是說同島一命、軍民一家，存則俱存、亡則俱亡嗎？怎麼現在卻把民防隊的事蹟抽離，讓他們不見天日了呢？

不獨呂瑞仁有這樣的感受，我在一九九九年出版的《古寧頭戰紀》的序言寫道：「我寫完古寧頭村史之後，有意再寫金門之戰。有一次到八二三戰史館參觀，發現衆多展覽資料之中，有關民間的部分，只有四張民房砲損的照片，而且兩張是我的故鄉古寧頭南山村。我覺得軍方漠視了民衆的貢獻，八二三砲戰，民防隊員冒著砲火搶灘，造成不少傷亡，軍方應體恤民命，予以肯定。當看完照片，老實說我有些失望。」

金門八二三戰役戰友協會每年開會行禮如儀，對於他們所受的歷史待遇，竟然可以視而不見、嘿然無聲，該爭取而未能爭取，反而建議政府應成立「英雄館」。

試想金門民防隊員的偉烈豐功，既沒有受到禮讚，反而連金門八二三戰史館都進不去了，如果今天連這樣的待遇都得不到，還有機會建什麼「英雄館」，給民防隊員應有的歷史定位嗎？習近平在中共建軍九十週年的閱兵講話：「誰把人民放在心上，人民就把誰放在心上。」值得當國者深思。

呂主權、呂主賜與王天生，應進忠烈祠，讓他們死得瞑目。呂瑞仁的這樣微弱的呼聲，她的這樣懇摯的願望，能否實現嗎？這就足以檢視金門民防隊員在國家的眼中，在歷史天秤上到底是多重的份量？

倘若是在對岸，早已樹立了「民防英雄」的雕像，譜寫殉難的詩篇，成爲愛國愛鄉教育的典型人物了，那裡會像他們死得這麼沒有價值。民防英雄，魂兮歸來！（呂瑞仁訪談時間：二〇一三年九月二十二日，二〇一四年一月六日　訪談地點：第一次電話採訪　第二次金門榜林村）

09 珠山打碎了，珠子滾地沾染了血跡

薛南昌，珠山人，古寧頭大戰時他還少不更事，跑到山上觀戰看熱鬧；八二三砲戰時，他已是壯丁年齡，要去碼頭搶灘了。他說登陸艇一到，中共的砲彈就飛過來，他搬麵粉搬米糧嚇得兩腳直發抖。

他說珠山與古崗駐了四個砲兵連：一連、二連、三連及營部連，所以兩岸砲兵互駁猛烈。他說砲戰晚期單打雙停時，珠山一個防空洞，南太武的砲彈直灌進去，死了七個人，當時亂成一團，慘不忍睹。薛南昌說，這些人有的剛挖完壕溝出來納涼，有的就死在洞裡。

山洞中砲驚爆，七個人魂歸離恨天

這個山洞是日據時代挖的，八二三砲戰期間居民再挖，因為洞口朝向大陸，跟頂堡東的碉堡中彈如出一轍，都是死傷慘重。薛南昌說這個洞幾乎把山鑿空了，現在已經封填了起來，然而不能封起歷史，也無法封閉村民的痛苦歷史記憶。

薛南昌說珠山山洞中彈是砲戰晚期了，老兵張之初說是農曆八月初三，換算國曆是九月十五日，還不到薛南昌說的單打雙停的日子。（薛南昌訪談時間：二〇一三年十月十七日　訪談地點：金門珠山

村）

張之初是駐守珠山的砲兵，他說古崗有四門砲，珠山也有四門，珠山山角下接近東社那邊也駐有四門。因此，八二三砲戰期間，鄰近村莊的民眾就遭殃，曝露在中共砲兵的火線下，飽受生命財產的損失。

他屬珠山二砲，二砲是基準砲，二砲的彈著點如果正確，距離目標五十公尺以內，其他十一門砲的砲彈就一起猛轟。

珠山中砲，他說前洞死了四個人，後洞死了三個人，傷者一共二十幾人。他是二砲的砲長，但此時調去後勤支援。後勤要到碼頭載砲彈與運送傷兵，他剛好派上用場，輕傷者送往東沙醫院，重傷者送往尚義五十三醫院。

他原本駐在珠山的民家，砲戰一爆發，砲兵與步兵都搬到山上駐戍去

張之初指出珠山的前洞（左）與後洞（右）中砲，造成七死多人受傷，洞口現已封了起來。

了，此刻珠山大禍臨頭，一下子奪走七條人命，這些都是平素過從的鄰居，突然從人世間蒸發，整個村莊陷入愁雲慘霧、哀戚一片；然而砲火仍在猛烈底進行，誰也不知道下一步會怎麼樣？七個死亡的珠山民眾，有一位薛姓男子，約莫二十七、八歲，戰前張之初就住在他家，彼此熟識，相處也融洽。

當他聽說薛家遭了大難，他的妻子盧姓，賢聚村人，帶著三個稚齡女兒與一個婆婆，躲在防空洞裡煮東西給小孩吃，他就去探視她，等到戰火停了，天已經黑了，他從洞口把她丈夫的屍身拖了出來，用門板抬著放在廟門口，然而要趕快掩埋起來，但是找不到棺材。

這時情況很亂，薛母痛失愛子，沒有時間哭得捶心肝；妻子痛失丈夫，也沒有空閒哭得搶地呼天，只把

傷痛永遠埋在心底。薛男留下三個嗷嗷待哺的女兒，最大只有四歲，教老母與妻子怎麼能夠承受得住呢？想到親人慘死，想到孩子幼小，怎麼拉拔長大呢？婆媳兩人只有傷心流淚，根本六神無主。

急拆門板作棺材，軍助民挺身而出

張之初是廣東省海豐縣人，一九二九生，十六歲從軍參與抗戰，一九五五年隨部隊來金門已經三年了，這時是將近三十歲的壯男，他用閩南語說：「當勇。」他化身為救苦救難的觀世音菩薩，及時的伸出援手，解了薛家的倒懸之苦，他二話不說就幫忙料理薛男的後事，一切從簡，他卸下薛家四塊門板，用釘子一釘權且當著棺材，找了一名姓孫的戰士，隔天清早抬到後山草草掩埋了。

張之初不避危難挺身而出，他的善行義舉，大家感受在心，有目共睹，軍民急難相扶持，可能是軍隊長期駐在薛家培養的情感，也許是孟子說的「惻隱之心，人皆有之」的關係，他這種發之內心的助人天性，不僅贏得薛氏族人的感戴，也改變了他後半輩子的人生命運，而與金門結下不解之緣。

在滾動的雲朵間
正在奔逃的星星
比它在靜止時
比在思念友人時更亮
然而在島上
一隻晚歸的渡鴉
和一群砲彈
逆向飛行

樹梢在強風中
指向東南
老天為何你哭泣時
要降下鋼鐵的眼淚
而在戰壕旁邊
雞雛啄食著母雞的翅羽
牠的頭已被彈片
種植在空心菜的旁邊
而有一個胸膛是空心的
牠歪斜的頭
正對著一株蘿蔔花
老天牠們的淚
為何是紫黑的
老天
為什麼讓沒身軀的
腿在地上行走
為何讓雛鳥半夜驚啼
為什麼讓沒臉的
微笑在空中飄浮
老天請睜開你

雲層的白內障老眼
看一看人們靜止中顫抖的手已將淚的鋼片捶打成菜刀
已將嗥哮的鋼塊熔鑄
成犁鋤用歌唱的節拍

——商禽《戰壕邊的菜圃》

詩人的語言是一種人間天籟，發出了蒼天不仁的呼聲，請問「老天爲何你哭泣時／要降下鋼鐵的眼淚」，蹂碎了無辜的百姓的心。讓那些受苦受難的百姓痛徹心肺，長夜難眠。請問老天，「爲何讓雛鳥半夜驚啼／爲什麼讓沒臉的／微笑在空中飄浮／老天請睜開你／雲層的白內障老眼」。

老天，請問到底有沒有眼？有沒有聽到雛鳥半夜驚啼？有沒有看到沒臉的微笑，在空中飄浮呢？

八二三砲戰的烽火，只是中國五千年史的循環套，在金門這個蕞爾小島赤裸裸的上演而已。國共鬥爭的黎民血淚悲歌，一路從黑山白水的松遼平原，從平津的輝煌古都，從百世兵家爭勝的淮海大地，奏著人民葬送的哀樂，傳唱到金門而暫時的譜下休止符。

戰神在金門獰笑，血光照亮了歷史

這時只有砲戰的火光，照亮了歷史的前路。

張之初在珠山的民房裡，細述了八二三的烽火因緣。他隸屬於金防部的砲兵群，番號六三四，代號是保羅部隊。他們一個一五五加農砲營就駐守在珠山，部隊官兵都住在民房裡，他是第二連。珠山、古崗與東者一共十二門巨砲。鵲山也有十二門加農砲，番號是六三三部隊。

八二三前夕，蔣介石已先來視察，對高級幹部耳提面命，要嚴防戰事爆發。先是每一個營選出一個模範戰士，八二三當晚要在水上餐廳接受國防部長俞大維的晚宴，然後再送往臺灣接受全國性表揚。

張之初說部隊剛吃完晚飯，沒想到砲戰就突然爆發了，中共以驚天動地的狼群火砲，對金門發動了奇襲，打得國軍措手不及。他說電線都打斷了，對外聯絡中斷，砲兵成爲瞎子聾子。

胡璉將軍面臨敵人的猛襲砲火，他覺得「宛如松風夜濤，猿嘯鴞鳴，反不聞爆炸震撼之烈。」胡璉的詩人性格，把一場慘烈的戰爭寫得詩情畫意，可是在一旁觀看的美軍，卻驚出了一身冷汗。胡璉將軍說：美軍「急遽向我發出問號：『你們還會活著？』」[1]

張之初手指之處，就是當年把薛男抬到後山草草掩埋的地方。

1 參見胡璉將軍著《金門憶舊》，頁一四三，黎明出版公司，一九七六年八月二十日台北出版。

這一波霹靂砲火打得地動山搖，打得在臺海的美軍心驚膽戰，不知金門的軍民還有沒有活口？美軍發出人道的關切，顯示戰火是不可承受之重。這一波破空而至的砲彈，不知打了多久？對於美軍的問話，藏身在太武山坑洞的胡璉將軍，聽不到爆炸震撼之烈，他沒有空，當然來不及回答了。

過了不知多久，美軍又來了電報：「不必回答，我已見到你們的反擊砲彈，長虹破空，落到彼岸，英雄朋友，引以爲榮。」這一段從死寂到長虹破空的反擊時間，就是整個金門電訊中斷的時間；美軍看到國軍沒有反應，表示一種心焦，然而基層的砲兵官兵，翹首太武山，何嘗不然呢？

他們不知道太武山已被炸癱了，傷亡慘重，他們一直等不到反擊的命令，電話又搖不通，所有的官兵都處於挨打的局面，連美軍都覺得不可思議，何況是接戰的國軍呢？身在珠山二砲的張之初，英雄無用武之地，只能乾耗著，不知道外面到底怎麼狀況，只聽到共軍的砲火一波波像催命一樣，但是命令一直等不下來。我看著你，你看著我，連長電話猛打營部，營部不敢給他指令，急得像熱鍋上的螞蟻。

中共在雲頂岩的指揮所，這時望向金門的指揮中樞太武山，跟臺海美軍見到的應相差不遠，只見濃煙蔽空，籠罩了整個山頭，這一閃擊得手，中共石一宸將軍坐鎮在那裡可能拊手稱快呢！可是太武山底下的國軍官兵，此刻面臨生死關頭，聽不到松風夜濤的浪漫，只有狼奔豕突、雞飛狗跳的倉皇，大家呼爹喊娘、驚逃四散，已來不及救死扶傷了。

中共砲打水上餐廳，共諜埋伏指揮

「太厲害了！太厲害了！」張之初說。

「怎麼講？」

「中共派人，一名中校情報員，埋伏在太武山，在那裡指揮。」張之初說：「看到飛機在太武山上

這就是一五五加農砲，八二三砲戰時金門的主力砲。

面飛，用飛彈打水上餐廳，他（中共）不是胡戰的。」

「你有看到中共用飛機來，……」

「有！有！有！很嚴重，太武山有一個共諜在指揮，要飛機幾點鐘飛來，飛彈要發射那裡。」

他說看到飛機來空炸，經一再追問，你有看到嗎？他忽然改口說：「沒看到飛機，在珠山上空沒看到。」但是這名共諜，他說：「金防部反情報人員後來查出了，是一名中校。」他之所以說中共飛機來發射飛彈，並不是現場親眼目擊，而是事後可能透過軍方的耳語得知的。

「防衛部中了飛彈，我們還得不到消息。」張之初說：「中共飛彈一下去，所有大小火砲立刻向金門襲來，共軍砲兵拉在沙灘打，毛澤東好囂張。打了半個小時，我們沒有還擊。」

「爲什麼沒有還擊？」

這是坐落金門二十四吋巨砲的英姿，它的砲彈與其他的比一比，可見它有多威猛。

「那個，那個，電話被打斷了。」他接口說：「我們指揮官沒有電話，沒有命令，沒有胡璉司令官下的命令，你敢開砲打過去？……不敢。我們砲兵中尉觀測官平日長住在烈嶼與大二擔，用無線電聯絡就可以了。觀測官現在也搞不清楚，得不到上級命令，我們也得不到命令。沒有得到命令，你敢開砲嗎？不敢開砲，只好等喔！等了半個小時。」

「然後怎麼樣呢？」

「上面命令一下來：還擊。就開始打。我們很簡單，一開始發射空爆彈，距地表四十公尺就炸開了，人員殺傷力很大。」張之初說：「空爆彈、延期信管、燃燒彈都是一個樣，只是信管的差別而已。信管有一個地方可以旋轉，噠，噠，噠，……轉十二響。打多少遠，什麼方向，大二擔的觀測官下達指令給營部指揮所，營部指揮所再傳給砲長。砲長是瞄準手。」

張之初是二砲的瞄準手，二砲是營的基準砲，砲長就是基準手：「這一發砲彈發射出去，大二擔的觀測官就看彈著點，若說準，其餘十一門的火砲就跟著方位、仰度一起打，砲彈在空中開花，下面的人怎麼跑都跑不掉。」

一五五加農砲是金門的主力砲，火力強，後坐力大，可打到一萬七千公尺，要用十輪的履帶車拖曳；師砲兵是一〇五榴彈砲，可以打到六千公尺，四輪車就可以拖走。金門五個師，每個師有一個砲兵營，每個砲兵營有十二門砲。

打了十多天，古崗第四砲的砲口，鑽進了一顆砲彈，砲長、副砲長十九個人都死光了。水頭也有一門火砲發生同樣的事情。張之初說：「八二三砲戰，通信兵與砲兵傷亡最爲慘重。」

砲打廈門大學，震驚國際社會

張之初說中共利用下午太陽西曬，從大陸看我們看得很清楚，但是我們在大二擔的觀測所，站在一個有利的位置，所以中共要把烈嶼與大二擔打爆了，金門的砲兵就成為瞎子。這就是為什麼烈嶼與大二擔落彈量特多的原因。

中共開始時是裸砲，後來才有碉堡，因此共軍傷亡慘重。共軍火砲多，砲管比較短，火力比我們小；我們火砲比較少，然而火力強，共軍打不贏。

張之初說：「一門砲一個多小時，要打二八〇發，砲管都打紅了，要去儲水槽拿水來澆灌，讓砲管冷卻。」

他說：「砲兵很可憐耶！」

「怎麼說？」

「我們沒穿衣服，只穿短褲與鞋子，碉堡裡面好燙，溫度好高，流的滿身是汗，太熱呀！讓人受不了。」張之初說：「一門砲打了二千發，膛線已磨損了就要換砲管，換零件，火砲修理組就要用履帶車把砲拖出來更換。八二三砲戰期間，砲管就換了七、八個，美國供應新砲管，再把舊砲管送回美國。」

砲彈打完了，就要自己到碼頭運補，一部GMC的大卡車，只能載一五五加農砲十五顆砲彈，二十四英吋的砲彈只能載七、八顆。二十四英吋的砲彈戰後才運到，張之初說：「這種砲威力太大了，打是可以啦！但是自己受不了，房子會震壞掉。」他說：「砲兵要開車運補，要送傷患，又要構工，忙死了，累死了。」

除了專打大嶝、小嶝兩個地區，張之初自曝秘辛：「我們的砲兵打到廈門大學，砲長的關係，打了兩發。廈大剛好放學，死了不少人。」

外傳廈門車站中了一發二四〇的砲彈，這種砲彈裝塡白磷，爆炸後會把周遭五百公尺的氧氣燒光，人會窒息死亡，因爲威力巨大，一時傷亡慘重，中共以爲是原子彈。

中共於十一月四日下午五時廣播，說我於十一月三日使用毒氣彈，中央日報報導國防部新聞局長柳鶴圖海軍少將發表聲明否認。參謀總長王叔銘也駁斥共軍的說法。美國協防臺灣司令部指稱，中共之指控美國以毒氣彈供給中華民國，純屬無稽。

十一月三日「金門守軍以新獲重砲實施反砲擊，……共軍廣播誣稱國軍使用毒氣彈。」[2]這裡所說的以新獲重砲一語帶過，這時二四〇的巨砲還沒運到金門，到底發射什麼砲彈，讓人匪夷所思。

國軍六九二營中校砲兵營長魯鳳三說：九月「十一日十六時十二分至十七時十八分，按照計畫，我數十門重砲，利用激烈砲戰雜亂聲中，以同時彈著射擊，並突然延伸射程，奇襲廈門火車站。頃刻間車廂翻覆，調車場立遭破壞。七百多人血肉橫飛，其他軍品損失，無法估計。」[3]

戰神無意中牽線，巧締戰地鴛盟

珠山第三連砲長是瞄準手，廣東人，打到廈門大學，嚇得話說不出來。此事引起軒然大波，中共向國際社會控訴，向國民黨政府抗議，國軍感受到莫大的壓力。張之初說砲兵多是老士官，臺灣充員兵約占三分之一，第三連要他去支援，看看瞄準手執行是否正確。

臺灣以前有兩個兵團，一個在龍潭，一個在南部，每年砲兵部隊要接受全國的營測驗，美軍顧問在

2 《八二三戰役文獻專輯摘錄》，頁八十五，桃園縣戰友協會，二〇〇五年八月桃園出版。

3 《八二三砲戰勝利三十週年紀念文集》，頁二二五，國防部史政編譯局一九八九年四月三十日再版。

旁邊監督。那一年在彰化田中山砲測驗，以營為單位進行瞄準比賽，他們的營得到第一名，關鍵是他這位二砲砲長瞄準手。

如今三砲打到廈大，造成重大傷亡，第三連就找了他去輔導。砲擊時老手要支援新手，何況他還是所有砲長中的佼佼者呢！張之初說山砲的運動時間，就是一門砲達到作戰的位置，它的有利時間是十二分鐘就得把砲打出去，而且要打到三千公尺的目標。

他說臺灣的訓練場專門有三千公尺的地方，一個連四門砲分布在不同的地方，砲打的好不好、準不準，全靠瞄準手，瞄準手要選動作快，聰明的，階級是下士。第二砲是基準砲，他是第二砲的第一瞄準手，也就是頂尖的。

砲兵射擊既要快又要準，訓練時砲打出去之後，再依落點調整瞄準點，此時要透過觀測所下達指令給標竿手，瞄準手就要指揮四、五十公尺左右的標竿手，調整標竿的方向、遠近，從鏡頭之中可以看到標竿，標竿約一七〇公分高，旗幟一道紅一道白，打了以後再修正。

實戰時一個營有兩個班，一個觀測班，一個計算班，觀測班報的方向、距離，要由計算班來計算，再下達給連的砲班喊說五千、六千、七千公尺，叫出方向、仰度，砲班復誦，然後由砲長指揮，五十公尺以內，就算擊中目標了。張之初沒讀什麼書，動作很快，是天生好手。

張之初訓練有素，所以在八二三砲戰發揮了他的專長，成為打擊共軍的有力力量。一九五八年砲戰結束之後，部隊移防回到了臺灣，三年之後約一九六一年再移防回金門，仍然駐守在珠山。這時盧女士已收養了一名男丁。

因為八二三的關係，盧女丈夫慘死，經濟支柱倒了，家庭陷入了危機。因此，他們無意間建立了革命感情，在最困難最危急的時候，有人及時伸出了援手，是會讓人一輩子無法忘懷的。戰前張之初就駐在她家，彼此早已相知相識，此番舊地再相逢，日久生情，就暗地裡締結鴛盟，譜出了一段戰地佳話。

張之初一九四九年古寧頭大戰之時，由汕頭搭船直接到了金門，在新頭下船之時已經戰事收尾了。他們就把俘虜與傷兵押送返台。

一九六三年他的砲兵又要從珠山移防臺灣，這時他已不像第一次那樣無牽無掛，他已經有了一個家，有了小孩，但是當時結婚要經報准。上面發話了：「你這個王八蛋，你給我私婚，生子，要怎麼辦？」

當時金門許多女人都被阿兵哥娶走，害得金門青年娶不到老婆，軍方下令私自結婚要法辦。現在木已成舟，金門有七、八個老芋仔，孩子已經生了好幾個，現在部隊要調防，孩子過不去。七、八個人的孩子就留在金門，吃又吃不飽，到了尹俊來當司令官才核准。禮拜天可以回家了，不必像以前偷偷摸摸。

太太上山種田，他回來之後就趕緊上山幫忙，也幫忙養牲畜。

「你改變了她們的命運。」

「同甘苦，共患難，我有得吃，她們也就有得吃。」

張之初在一九六三年成婚了，從此代替了薛男，負起養家活口的重擔。

「你們那時駐金門，很辛苦。」

「辛苦，沒有用。」

「爲什麼沒有用？」

「誰管你？」張之初說：「我一九六九年退伍，領了一萬多塊錢，他跟你計較，你不要給國家養，你要自己養。」

「現在一個月可以領多少錢？」

「無！沒有錢。」

開放探親之後，張之初返鄉上墳祭拜父母，希望保佑他下一輩子不要再當兵了。

「有沒有給你榮民就養金，一個月一萬多元。」

「沒有啊！去年取消。我參加抗戰的，一九四五年打過日本的，沒有用的，跟你講，多餘的。」

「你本來可以領多少錢，現在沒有。」

「一萬三千五。」他說：「現在中央沒給，退輔會也沒給，金門縣政府看我們可憐，每個月給三千元。每年三節各給兩萬元。」

「……」

「你說馬英九有什麼用？改成這樣。現在老兵剩幾個？我們老兵都死光了，像我已經八十六歲。」張之初說：「當兵的上無片瓦，腳無寸土。你給我講，臺灣人，老百姓，他有寸土，寸土值錢。」

張之初現在借住珠山的房子，屋主在臺灣，整修的很齊整；太太在臺灣跟孩子住，偶而會回來。回來這個他們生死與共的地方。他當了二十二年兵，長子當了二十九年，曾在七海服役。

他說蔣介石的兵不好當，好嚴厲。他感謝兩個人，一個是蔣經國，一個是孫運璿。

「蔣經國不錯，蔣經國可憐我們，同情我們。我現在還不錯，討了個老婆，有兩個兒子兩個女兒。」

「為什麼要感謝孫運璿？」

「因為孫運璿在台電時用了很多金門人，我的二兒子就在台電服務，我們要飲水思源。」

老兵不死，只有1/12返鄉探親機會

許多老兵失婚了，孤家寡人一個，淹沒在臺灣的社會底層裡，成為時代浪潮的棄民；他們的辛酸苦痛，化作千行血淚，成為歷史書中的一個逗點。

一九四九年他被押送到金門。十多年前他返鄉探親，同鄉十二個人出來，只有他一個人回去。他是海豐鄉下的農民子弟，當年共軍心戰喊話：「張之初，請你趕快回家，你媽媽在想你。」

他回去已見不到白髮的爹娘了，只見到文化大革命時，家門口掛著黑五類的黑燈的弟弟，大哥也已不在人世了。他說鄉下人還是很苦，紛紛來打探親人的下落：有的來找爺爺，有的來找爸爸，有的來找丈夫，有的來找兒子。但是他們失望而去的眼神歷歷在目。歷史已經千帆過盡，但是苦難還在繼續。

薛婦鴛鴦折翼，張之初接續比翼雙飛，承擔了薛男留給他的家庭重擔：一個媽媽，一個寡妻以及四個稚齡的孩子；婚後他又生了兩男兩女，一家連他一共十一口。一個退伍老兵，家無恆產，也乏積蓄，他像一頭辛苦耕耘的老牛，承擔了上天給他的天命。

八二三成就了戰火鴛鴦，他雖然辛苦，但是苦得值得，這是甜蜜的負擔。午夜夢迴，他覺得老天待

他還是不薄。當年他如果不住在珠山的民家，他如果不冒著砲火伸出援手，人生的圖譜可能就改觀了。

而今他有五十四個兒孫，家族坐擁十六、七間房子，以海豐鄉下的一介農民子弟，一個人出征，在臺灣開枝散葉，螽斯衍慶，瓜瓞綿延，可以告慰祖先了。不僅如此，薛男的媽媽八十二歲過身，他幫他養老送終，他又撫養了他遺下的四名子女，讓他們接受良好的教育，他對得起他了。他覺得俯仰無愧。

他先後回鄉幾次，花了幾十萬塊錢，幫父母買了一塊風水寶地；生時無法奉養父母，承歡膝下，死時只得幫父母建一座佳城，聊表人子的孝道。他說背山面湖，風景秀麗，希望父母地下有知，保佑子子孫孫，不要再流離，也保佑他下一輩子不要再當兵了。（張之初訪談時間：二〇一四年一月一日　訪談地點：金門珠山村）

10 洋山打到烊了，洋山人被譏為乞鳥

八二三砲戰發生的時候，洋山的黃縹治只聽到接連三發砲聲，就已有警覺。那時她正在老屋裡，沒有灶，一個破釜，架在土角上，她剛在煮飯，一個女兒在地上爬，趕緊背一個，左右手各牽一個，帶著九歲的長子張峰德往外跑，趕緊要去躲砲彈。

她說：「過山砲來了，雙手空空的，什麼東西都顧不得拿，只顧著幾個孩子。」那時洋山駐了一個營部，阿兵哥塞滿了整個村莊。她走到土埕，阿兵哥還不知道，只聽他們一邊喀喀的敲著鐵碗，一邊喊說：「飛機！飛機！」霎時間大家都不見了，她是全村第一個躲進防空洞裡的。

黃縹治感覺地一直在搖，腳都站不穩

躲砲彈的經歷，讓她永生無法忘記。全村的人本來都躲進洋樓，後來砲火猛烈躲不住，全部湧進防空洞。她說那一天砲彈從早上一直打，打到晚上大約九點鐘，全村三百多人擠在一個防空洞裡，她不知道什麼原因？怎麼感覺地一直在搖，腳都站不穩。好不容易停火一個多小時，躲在洞口的人就到井裡挑水，你一勺我一勺舀水喝。

黃縹治女士說，那天天氣悶熱，孩子幼小，她一直雙手高舉著次子峰義過頂，否則人這麼多會擠死、悶死；餓了一整天，好不容易等到歇火了，她躲在中間，看到人家在喝水，很想擠出去舀水但擠不出去。這時又餓又渴，大汗淋漓像淋浴一樣，連乾嚥都沒有口水。

洋山砲戰激烈，整個鄉村幾乎被夷平了。林吉樹說洋山有八門大砲，兩個砲兵連，戰前每一家都駐有軍隊；蔡維添說有一個營部及四個連，當時一出門就見到阿兵哥。

維添說洋山與浦邊同一個村，砲找砲，砲打砲，洋山受到砲災非常嚴重，呂厝、浦邊、劉澳可以站在屋頂上看到洋山挨砲。他說砲彈直接射進洞口時有所聞，洋山的砲兵傷亡慘重。蔡允澄，同是洋山人，受訪時七十歲，他說砲兵那時

黃標治（右圖）所指處的防空洞（左圖），洋山村人都躲到這裡來，洞裡擠得像沙丁魚一樣；即使如此，黃標治說感覺地一直在搖，怎麼都站不穩？

多是土洞，一中彈崩塌打死、悶死的很多。

允澄也說洋山附近駐了一個砲兵營，洋山兩連，八門大砲；斗門附近駐了一個連，四門大砲。這些村落因有砲陣地與臨近太武山，共軍的火砲常落在這些村社裡，所以是彈如雨粒，哀鴻遍野，所以他說：「洋山打到烊了（鎔化）」。

他說滿山的牲口中彈死亡不少，每次趁著停火摸黑出來覓食，有時扛著牛肉、豬肉回家，有一次赫然發現：「扛了一條人腿回來。」（蔡允澄訪談時間：二〇〇八年四月十六日　訪談地點：金門下莊）

砲戰越打越激烈，整個洋山村民走的走，逃的逃，只剩黃標治她們一家沒有搬遷，她帶著四個孩子躲在防空洞裡，另外還有一個老人。老人的兒子媳婦逃往大浦頭，但是他死守鄉里不肯走。整個防空洞裡只剩下他們六個人。

縹治說防空洞上面滴水，地湧泉水，她就拿條凳架在防空洞一角，上鋪門板，晚上一家人睡在上頭。等到家屋後中彈，她說不搬不行了，然而老公並沒有理會。她說丈夫很鐵齒，不搬就是不搬，即使天塌下來了也不搬，只有砲彈激烈打得受不了了，才會去防空洞躲一下。

有一次躲到洞口，怎麼感覺左胸口熱熱的，他掏出香煙盒一看，只見破片洞穿塑膠煙盒，一根香菸掉了出來。即使這樣，縹治說老公一心一意只在幫族親看一棟洋樓，寧願死守而不願帶領她們一家逃難。

帶四個孩子搬到浦邊，整個過程很歹命

縹治出逃無路，終於忍不住了，向丈夫發話：「你不讓我走，如果我被打死，沒關係，但是你要度這四個孩子的命。」老公不得已，才允許她帶著孩子搬到浦邊。整個過程，她說：「很歹命。」

她自己一路帶著四個孩子，挑著一擔花生，背上背著次子峰義，左右手各照顧著一個女娃兒，長子張峰德九歲，背上斜背著四斤米在前面領路。她說平常只有上山下海，很少出門，到浦邊的路怎麼走，她也不知道。可憐長子峰德年紀那麼小，平常只會在村莊裡玩耍，也不認識路的，他帶走這邊，不對，折回；又帶走那邊，不對，又折回，來來往往的折騰。她說那時峰德傻里傻氣，戇戇。

到了浦邊向人家借房子住，人家出借了一晚，不肯借第二晚，就要再向另外的人說好話，求情，懇託借住一晚。住沒得住，吃沒得吃。說到那時，她說：「沒有早上，也沒有中午。」（意即時常挨餓，三餐不繼）

她說這樣向人家借住了七晚，剛好洋山堂親有一間雙落大厝在浦邊，她就去借住。人家老公從洋山

挑著眠床搭在大房給妻兒住，她一家五口就睡在人家床前的地板上。一個王姓阿婆看不過去，就透過人傳話到洋山給縹治的老公說：「你要好心，挑一個門扇板去給妻兒用。」

有了門扇板當圍籬，她一家才得以去睡人家的「堂前後」（閩南式房子廳堂背後的過道）。長期寄人籬下終究不是辦法，所以她一直去打聽那兒有空房子，後來找到一間雙落，屋主下南洋落番去了，才去借住這間房子，整個心才踏實了下來。

縹治說一家五口，四個小孩早上都沒有吃飯，峰德一早去幫人賣「燒甜粿」，賣十塊粿賺一塊，但是一塊也不夠吃。她說堂親有灶有釜（閩南語稱為鼎），她沒有，老公也沒有挑釜過去給她煮食。有一次前落的鄰居不忍心，舀了一碗稀粥給她餵小孩，自己就讓它餓。

林吉樹說帶著一家逃往浦邊住了三、四年，如果不是出軍勤受傷住院，他說會跟著人家一起遷台。黃縹治說她也想遷台，相片已照好了，但是老公不允許，孩子這麼幼小，家裡這麼貧困，她說：「我要走到那兒？」

蔡維添說村裡雖然有防空洞，但是砲火猛烈住不下去，他也遷往浦邊，後來單打雙停，他單日住浦邊，雙日才回洋山耕作。

擎蚵維持家計，來回要走幾十華里

縹治為了維持生計，把孩子放在浦邊，就隻身冒著砲火的間隙，返回洋山「擎蚵」（金門是長條石蚵，用一種尖扁鐵器將蚵剃下），來回不知要走幾十華里。她說：「一趟路，一直驚，一直走。」從洋山海域挑一擔海蚵，嘴巴一路吐著大氣走到浦邊，然後就開剝，再走路到沙美、山外街市上叫賣。她說：「擎蚵怕砲擊，賣蚵也怕砲擊。」後來單打雙停，就利用雙日去擎蚵。

洋山村打到烊了（鎔化），房子都打爛掉了，黃縹治回到家裡沒地方住，只帶著孩子睡在破灶間。

十月六日開始單打雙停，時局較為穩定之後，過了一陣子縹治就帶著孩子回到洋山，房子都被打爛打垮了，沒有房子住，只剩下龍眼樹下一間破灶間，屋瓦都打碎了，她晚上就在灶前鋪著破布袋，讓孩子這樣睡著。

那時她說找不到地方生產，本來要躲進防空洞裡生的，後來選擇去櫸頭，然而會漏雨。她跌落「子女坑」，生養了六男四女，不過她說：「說起來很見笑，老三、老四是帶把的雙胞胎，家裡養不起，不得已一個送人。」

黃縹治，一九三〇年在泰國出生，母親抽大煙，把她帶回金門，六歲時賣給洋山的張家做童養媳。她說：「養母很壞、很壞、很壞。」連講了幾次，特別加重了語氣，她孤身獨命在金門人間漂流，一生不識父面。老來回想，只有生養幾個成材的兒女，撫慰著她顛苦的人生。

日本時代，她說：「日也做，暝也做。」日軍守海防，禁止老百姓晚間出海，縹治說養母強迫她三更半夜出海，從岸邊到蚵田有一條很長的海路，她摸黑要一路縮一路躲，以免被日軍發現，開槍射殺。她說：「要是被打死，白白賠掉一條性命。」

她說養母是後母，很嚴厲，不讓妳睡覺。「天未亮，狗未吠」就叫妳起床，就要下海去拖海菜回來煮豬食。家中養了一槽母豬與仔豬，賣豬的錢一毛錢見不到，吃飯要自己想辦法。

一九四九年十九歲，她成親了。這時國軍倉皇轉進，房子駐滿了突擊隊，偏房占去當廚房，只見大埕一個班一個班羅列在吃飯，軍隊什麼都沒有帶來，只帶來兇巴巴拆房子、拆門板留給老百姓的印象。

縹治說護龍兩間已被軍隊拆去作碉堡，她正在房間裡，軍隊要來拆門板與眠床板。眠床板一拆，晚上就不用睡覺了，她是一個婦女，無力阻攔，心想老公當甲長，應該可以發揮他的影響力。沒想到老公一視同仁，胳臂並沒往內彎。

古寧頭大戰時，她正要下海，站在高處瞭望，怎麼滿滿都是戰火在閃爍，嚇得不敢出海；過了不久，就風聞共軍已打到瓊林了。這樣一個戰亂的時代，老百姓受到戰火的逼迫，生活的煎熬，讓她刻骨銘心。

清水煮白飯，拒收事務長一疊白銀

這時軍隊駐滿洋山村的民家，軍民呼吸相聞，生活與共，她有一餐沒一餐的，不過貧賤不能移。訪談時我稱讚她至今仍很「周至」（閩南語，齊整而漂亮），她心情愉悅，無意中透露了一段秘辛。她說家中有一間房子，軍隊占去作水棧，她去祭拜，一個事務長拿了一疊白銀要給她。她說：「驚走。」她是「清米煮白飯，清白的。」她說那時亂七八糟，腳步走錯的人很多。

她說養母「苦毒」（虐待之意）她，生產時根本沒有坐月子，就要她上山下海拖磨，因此孩子營養不良。她說峰義小時很調皮，幾次溺水沒死成，鄉里一有喜慶，縹治就帶著他去吃，希望可以讓他補一補。可是他一吃三層肉，回來就嘔吐，尿褲子。這位出身國防醫學院醫學科學研究所博士，是國內著名的防疫專家，大概不知道他小時候是這樣的破身體。

家中貧困，時局混亂，她帶著一群嗷嗷待哺的兒女，在生活邊緣掙扎。回想她的一生，痛苦多於喜樂。然而，她爲母則強，爲妻則忍，她說用「蚵桶」拉拔了九個兒女長大成人。

她家雖然薄有田產，但是天公若不從人願下雨，就要餓肚子，還好洋山有一片海域，她去擎蚵，耙蛤蜊，挖赤嘴出售。挖赤嘴要彎腰五、六個小時很仔細的尋找，從這個海灘走到另一個海灘，挖的腰幾乎挺不直，賺十塊錢都捨不得花。

出海擎蚵若是晚潮，回來就天黑了，當晚就要點燈背著孩子剝海蚵。海蚵也捨不得吃，有了四兩，還想再添四兩，可以拿去賣。地瓜有十斤、八近也要拿去市場賣。

她說：「很歹命，做沒得吃比較多。」（閩南語，意即「做有吃無」）生活本來就很辛苦了，幾乎過不下去，要捧著飯碗去乞討了，然而屋漏偏逢連夜雨，不幸又碰到八二三砲戰，整個家山搖地動，差一點要散架了。

在一個偏僻的村落，在一個傳統保守的社會，在一個夫爲妻綱的宗社組織，縹治爭取不到她的發言權，凡事無法商量，這讓她非常的苦惱。男人是天，男人在外有一片天地，可以泡茶聊天，「你兄我弟」，日子可以逍遙自在的過活，可是縹治鎖入家事中，被綁在生活的十字架上，陷入在子女坑中，她只能聽天由命，然而她才是這個家的擎天柱。

老公張維明跟父親讀過七年的私塾，腦筋很好，管教兒女非常嚴厲，很會講故事。他不能說不好，

黃縹治說老公死守這一棟洋樓，好說歹說都不肯逃難，讓她不得不一個人帶著四個孩子一路折騰搬遷到浦邊。

只是傳統的大男人主義，在家貧民困、兵荒馬亂的時代，顯得不合時宜而已。

張維明是熱心公益的人，對村里的事很盡心，對人家交代的事很負責，所以才一直枯守一棟洋樓。他是一位先公後私，有時甚至於是公而忘私的人。縹治說八二三砲戰期間，洋山一間雙落大厝是彈藥庫，被匪諜放火燒，火光燭天。村民拿著水桶救火，大家看到大陸閃火，就趕緊躲砲彈去了，可是老公仍站在屋頂上救火。

九個孩子要養，生活重擔壓得喘不過氣

他對公家的事很熱心，家裡的事就放給妻子照管。然而，家中有九個孩子要養，生活的重擔壓得縹治喘不過氣來，幾次不想活了，成爲她這一輩子抹不去的生活烙印。

縹治的頭腦很靈光，記憶力超強，不

輸給她老公，孩子都遺傳了他們的基因，讀書有種，在那麼艱困的歲月，有一餐沒一餐的年代，培養兒子個個長大成材，老大峰德當過中正國小、金鼎國小校長，在金鼎任內退休，老二峰義當過衛生署疾管局局長，出嗣的老四是公務員，老五在科技公司，老六在中科院。縹治說：「不是我能幹，是天公爸庇蔭。」

一九六七年長子張峰德就讀金門高中，伙食費一個月兩百五十塊錢繳不出，她說每個月只給他五十元而已，校長給張峰德半工半讀，幫忙澆花以及處理事務充抵。（黃縹治訪談時間：二〇一三年一月十九日　訪談地點：洋山）

張峰德，一九五〇年生。他說外公是後浦頭人，可能在泰國再娶，所以外婆才返回金門，因爲吸食鴉片，所以把女兒賣給張家。

峰德說大嬤是古寧頭人，在父親十三歲時就過世了，祖父再娶一個二嬤當繼室，帶了一個拖油瓶女兒，沒有生育。曾祖父要祖父再娶一個三嬤，就是收養母親的養母了。

他說三嬤很壞，很節儉，「顧後頭」（娘家）；八二三砲戰洋山房子打爛掉了，無處容身，所以她又回去找兒女。

他不諱言父親是大男人主義。八二三砲戰，母親帶了四個兒女逃難到浦邊，他說背了五斤米，睡人家的「堂前後」。弟弟峰義那時還不會走路，只在地上爬，母親就回洋山擎蚵，然後挑到浦邊開剝，再走路到沙美去賣。

而他一早就去賣燒甜粿，島西的人稱爲「蚵嗲。」他常賣到何浦國小附近就噤聲，看見人家在讀書，他遠遠望著很想讀，可是家裡這麼困苦開不了口；校長是吳世泰，他常到校長家轉悠，不時見到了先生娘與她女兒吳麗鳳。

有一天，他終於等到校長開口了，只聽他輕聲細語的問：「峰德，你有沒有想要讀書？」

一聽到校長關切的問詢，他很高興的回說：「我以前在沙美讀過小學，砲戰之後成績單不見了，也沒有書包。」

「沒有關係，你拿戶口名簿來，從一年級開始讀。」

他就重新入學，學校設在何家祠堂，靠近劉澳村。他說沒有書桌，只坐在椅子上，整個課堂一陣烏鴉噪晚風，印象中讀了一個禮拜，又舉家搬回洋山村去了。父親不管他讀不讀書，要他去做工，而他向父親要零用錢也沒有，又輟學了一陣子。

母親說：「還是去讀書吧！」

他就到沙美國小復學，跳讀國小三年級，學期末接到成績單，數學及格，國語不及格。留級。他說那時戇戇，不曉得留級是什麼意思？一個鄉下小孩，穿得破破爛爛的，打著赤腳上學，又不像現在可以常常洗澡，他說想要老師喜歡是不可能的。

長子張峰德，說母親既偉大又辛苦

峰德說砲戰過後回洋山，沒有地方住，家裡中了幾十發砲彈，被夷爲平地，他就去睡防空洞，睡了很長一段時間，洞口夜晚用汽油桶堵住。他說洞裡蚊子很多，隨手一抓就有，沒有錢買蚊帳，就用燻煙驅蚊，睡著了就任令蚊子叮咬。一旦咬醒了，起來燻煙之後再睡。後來睡到下間的房子，漏雨時滴滴嗒嗒，就要用桶子或臉盆去接水。

他說那時軍隊常串門子，有時夜半敲門，有時會性騷擾，有時會偷竊，他常看到村民整夜追著軍人跑。十歲左右，他的枕頭旁邊母晚擺著一把圓鍬自衛。他說父母有時一早下海或去賣菜，同時都不在家，他弟妹很多，身爲大哥，負有保護他們的責任。

縹治說八二三砲戰之後，大女兒十五歲、二女兒十三歲，開始接洗軍衣。峰德唸金城初中第一屆，他說周末返家就一直幫妹妹燙衣服。他說母親非常偉大，鎮日上山下海努力工作，忍饑耐餓，拉拔他們幾個兄弟姐妹長大成人。

他說生老二峰義，不要說坐月子了，根本沒有東西吃，父親也不管事，第三日就下海工作。老三老四是雙胞胎男丁，母親到海上剝礁仔蚵快要臨盆了，才匆匆忙忙趕回來生產。老四送人收養，已從福建省政府退休。

他說母親也沒有娛樂，非常底辛苦。每次村裡在演勞軍電影，她從來不去看；弟妹多跑去看，他為了陪媽媽，也不忍去看。

到了高中之時，他暑假就去賣冰棒。有一次碰到同學、金大創校校長李金振騎單車戴斗笠，到洋山賣冰棒。峰德告訴他說洋山的人很窮，沒人買，他賣冰棒都到浦頭與後水頭。

高二下學期，母親生重病，又沒錢看醫生，擺著讓她自生自滅，本來他想休學的；後來把母親送往浦頭給姑媽照護，他去探視時只見母親皮包骨，縮成一個小人兒，眼看是不行了。遂到處求神問佛，甚至拜到頂堡東軍魂「軍力速聖公」。神明說要再生小孩就會好，又生了兩個女兒，母親說可能吃不到了，誰知兩女現已上了五十歲了。

他說父親不是壞人，可能與他的出生背景有關，十三歲的時候受不了後娘三嬤的苛虐，就傲然出來自謀生活，在那個窮困的年代，恐怕很不容易。叔叔小父親七歲，睡在後房的閣樓，三嬤故意灑水，然後向祖父告狀，說叔叔尿床，害叔叔被打得半死。叔叔後來身陷大陸，住在馬巷，育有一男　女。

父親是一個大聲公，孩子哭餓，會被用扁擔打得半死，餓了也不能哭。父親有正義感，會仗義執言，因為個性夯直，村裡的人都叫他「北貢」（金門人稱老芋仔）。父親種蔬菜噴農藥，一定到了安全期才拿去市場賣，不像有些人噴了兩三天就趕緊收成，當然賣相好，而父親的菜有蟲蛀，菜色比較老，又沒有「嘴花」（不會招呼客人），買不買隨便你。峰德說：「父親賣一擔菜，買不到一根油條。」

峰德說臨海的村落都很辛苦，洋山與古寧頭都是一樣，窮得吃飯都有問題，女孩子更別想要讀書了。（張峰德訪談時間：二〇一三年五月十四日　訪談地點：金鼎國小）

蔡允澄就有經歷，他說八二三砲戰，共軍一〇五的砲彈，打一發停五分鐘，他就飛奔出來撿破片變賣，一斤可賣幾毛錢，以維持生計。

砲火無情摧毀，洋山人被譏為乞丐

林吉樹養了一匹馬，國軍剛轉進到金門沒有車子，常常捉民眾去出公差，徹夜到碼頭運米糧；長官要去臺灣，就馱運行李到後浦。有一次移防，洋山出動三十幾隻騾馬，馱運輜重到了前水頭。連長說再到同安渡頭運米，才讓他們吃晚餐，那時五點鐘左右，大家都說不吃了，連長就讓他們走。大家牽著騾馬一溜煙走小路回家，生怕被軍隊見到又抓去出公差，走到三更半夜才到家。

八二三砲戰爆發，妻子蔡玉盆正在山上工作，丈夫林吉樹在家裡急得像熱鍋上的螞蟻，等到停火了，趕緊上山去找尋。（林吉樹訪談時間：二〇一三年五月一日　訪談地點：洋山）

蔡玉盆，一九三二年生。那天父親上山拔花生，她去種蔥，母親在她出門前，要她順便帶點心給父親吃。父親蹲著正在吃點心，共軍砲火從前山飛了過來。父親站起來說：「靠！大陸演習，熕子（閩南語砲彈）到了。」

蔡玉盆說他們父女趕緊躲進電線溝，四個小時不敢動彈分毫。弟弟蔡維添，時年十六歲，他也以爲是阿兵哥演習，一看苗頭不對，戴了一頂圓盤帽，立即跳入電線溝，匍匐著往前爬，砲戰實在太激烈了，到了晚上八點多才回家。隔天去看，那裡剛好中了一發砲彈，帽子整個燒焦了，只剩下一個帽圈。

洋山村民躲砲彈，差不多就像這個樣子，孩子幼小，擠得像沙丁魚一樣，只有趁著砲火暫歇出來透透氣。

玉盆回到家，起初是躲在家裡，那天她與長子睡床上，老公與次子打地舖睡在床前，突然聽到砲聲，趕緊躲入床舖底下，一發砲彈擊破屋頂，砲片貫穿了前面的床板，濃煙蔽空，什麼也看不見。他們一家躲在床舖底下的後頭，逃過了一劫。

她說後來去躲防空洞，像擠沙丁魚一樣，擠得不能再擠了；大人背著小孩，幾乎要擠死了，歇火時走出洞口，花帔擰得出汗水來。大膽的人，去挑井水喝。說到那時候，她說很可憐。

她已登記遷台，後因老公出軍勤受砲傷住院，孩子又幼小，只好作罷。同村的陳天賜，一九三〇年生，他說家中有五個小孩，如果知道遷台一口可以領三千元新台幣，一定去。

他說在金門種田，一家勉強可以過活，如到臺灣人生地不熟，要做什麼營生呢？怕餓肚皮，不敢去。

一九四九年，玉盆十八歲，就接受民防隊訓練，壯丁挑擔架，婦女隊包紮傷兵。當時洋山家家戶戶駐滿軍隊，大廳兩旁構築床舖，只留中間一條走道。空房拆去作砲壘，門板拆去作工事，她跟父母兄弟姊妹擠在一間房間裡睡覺，沒門可關，然而廳堂的軍隊不敢越雷池一步。

她說阿兵哥沒有菜吃，吃地瓜葉與蘿蔔葉。一斤蘿蔔葉，浮漉漉的，賣一塊銀元，軍隊用來炒豆腐渣。

一九五〇年，與同村的林吉樹結婚。她說洋山的海利很大，生活一半要靠海。（蔡玉盆訪談時間：二〇一三年五月一日　訪談地點：洋山）

陳天賜說八二三砲戰，打得洋山無法安身，起初共軍打順發砲彈，碰到門窗就擊毀，後打延期信管，房子從地基掀翻了，道路中彈再中彈，沒一公尺間距完好的。

他說洋山打得悽慘、落魄，一家子搬到浦邊住親戚的房子，從洋山帶鍋子去煮，帶柴火去燒，住了一兩年。蔡玉盆則說抓豬去着。天賜的妻子一聽談起八二三砲戰，感慨萬千，這時插嘴說：「孩子幼小，沒有得吃，走海路到浦邊，怕被人恥笑。」

爲何不敢走大路？

她聽過人家這樣說：「洋山乞鳥（乞丐）又來了。」（陳天賜訪談時間：二〇一三年五月一日　訪談地點：洋山）

1-1 金中應屆畢業生，衝破火網大出逃

蘇星輝，一九五八年金門高中第五屆畢業，當時已由老師劉先籌幫她報考了實踐家專，對於兩岸的情勢變化還蒙在鼓裡，等到八二三砲戰驚爆，她的心就驚跳，因爲她赴台考試的日期迫在眉睫，然而金門對外交通中斷，砲火已阻礙了她的升學路，她急得像熱鍋上的螞蟻。

這位小女生情急生智，不得不求助戰地司令官胡璉將軍，二十四日清晨趁著砲火暫歇的間隙，一輛吉普車載著蘇星輝前往尚義機場，與其他八名傷患在上午九時登機，當飛機經過一番折騰降落台北松山機場，她直奔大直實踐家專時，考試時間已過，她失之交臂，傷心之餘淚如雨下。

校長謝東閔聞訊召見她，發現這是不可抗力的因素，破例裁定讓蘇星輝免試入學。[1]

李國榮，小徑人，十六歲，初中畢業公費保送台南高級農業學校就讀，三年之後學成歸來，縣政府會安排工作，在這個荒僻貧瘠的村落，李家子弟出此人才，不僅父母感到高興，鄰里沾光，也都與有榮焉。

1 節寫自楊樹清人物專訪蘇星輝，台北市金門鄉訊第二期頁四十二，二〇〇八年五月出版。

赴台讀書家人惜別依依，砲火來送行

一九五八年，李台山只有五歲，八二三當天大哥國榮要負笈臺灣讀書，他說整個過程刻骨銘心。台山說哥哥國榮已整理好行裝，帶著一只籐面的行李，站在大門口，迎著父親遠遠的從田地回來。今天是李家的大日子，長子要去臺灣讀書了，陳坑（現改成功）的外婆纏著小腳特地趕來送行。

台山說，母親懷胎九月，大腹便便的在欅頭削地瓜簽，想到兒子要遠行，他年紀這麼小，從來沒有出過遠門，何況在臺灣舉目無親，此去一別不知何年何月再相見？心中既牽掛又不捨，眼淚不自覺的淌了滿顋。外婆見狀就安慰母親說：「孩子要出去求功名，我們要高興。」

台山說家裡有七、八百坪，軍隊的廚房就設在路口的房舍，張士官長每天來載飯，彼此互動密切，感情交好，知道國榮今天要搭船去臺灣，特地調了一部1/4的吉普車，要載大哥到料羅灣趕搭下午五點鐘的船班。

夏日炎陽高照，下午的天氣仍然有點悶熱，一家人在門口依依送別，母親是千叮嚀萬囑咐，要兒子照顧好身體，不要讓父母擔心。國榮提著行李上車，父親、張姓士官長與外婆也跟著上車，由蔡姓司機駕駛，在陳坑村先讓外婆下車之後，車子就疾駛料羅灣了。

台山說當車開抵料羅灣港邊，卻不見岸勤作業人員，父親覺得很奇怪，心想不是在這裡搭船嗎？怎麼不見人影呢？就走去問詢崗哨的衛兵。原來地點搞錯了，是在新頭而不是料羅，衛兵說已經提前在登船了。父親一聽心中一顫，立馬要求調轉車頭趕往新頭，心中一直祈求佛菩薩，不要耽誤了船班，影響兒子的前途。

當車開抵新頭岸邊，父親放眼一望，只見民眾與阿兵哥還在陸續登船，心中的擔心與憂慮像吊桶七上八下總算定了下來。就在這個時候，突然聽到轟隆轟隆幾聲巨響，大家怵然一驚。張士官長安慰說：

「可能是阿兵哥在炸坑道吧！」父親當過砲兵，直覺是砲戰，緊接著連珠砲響，抬頭只見太武山一帶濃煙密佈，震驚中外的八二三砲戰爆發了，中共以這麼大的禮砲要爲李國榮送行。

父親眼見情勢不妙，不假思索，立即反應，趕緊處置，要求司幾找掩蔽物把車子藏好。這時新頭的軍艦船笛大鳴，岸上官兵急收攬繩，船隻趕緊離岸。張士官長要大家躲好，他去打探消息，跑了約莫百來步，砲彈已如疾雷驟雨般蜂擁而至，海面上沖起半天的水柱，護航艦跑得快，登陸艇與商船無法倖免，台生號沉沒。

父親要大家側臥在水溝，並用雙腿緊緊夾住大哥的雙耳；張士官長眼見砲火這麼猛烈，心想帶了三個人出來，不要只剩下他一個人回去；而父親等三人躲在電線溝裡，擔心張士官長會不會已被猛砲打死了。

躲了二十幾分鐘，砲火暫歇，司機抬頭觀望，父親急忙拉下他，一顆花生米粒大小的石片剛好掠過父親的額角，頓時血流如注，還好只是皮肉之傷，是不幸中的大幸。

當張士官長灰頭土臉的出現在眼前，彼此相見慶幸都安然無恙，心中吐了一口大氣，等到砲火歇熄了才回家，一路上只見道路坑坑洞洞，車子閃避很不好走，當一行人摸黑到家，母親一見恍如隔世，能夠平安歸來，心中一直感謝菩薩的保佑與祖先靈爽不昧。

家人隨後遷台，八七水災驚險逃生

家裡的人怎麼應變呢？台山說，砲彈來了，母親叫大家去躲在床鋪底下，還拿了一件雨衣去墊；二哥，七歲，一直不見人影，母親要他去找來躲避。台山上了樓仔頂，只見二哥趴著在窺視砲彈呢，他也跟著看，雖然是下午，不過他說只見一顆顆紅豔豔的砲彈直飛太武山，非常壯觀。

李清通一家人到了碼頭，發現萬頭鑽動，金門人為躲避砲火，紛紛搭船逃難到台灣，當年兵荒馬亂在照片中停格。

姊姊洗衣服洗了一半，阿兵哥說砲彈來了，把她抱起來去躲避；堂哥國興趕緊跳入井中，他要上山去牽牛回家，發現母牛中彈身亡，牛犢還在吃母奶呢！

父親的車子先開抵家門，接著見到堂哥打赤膊，一身溼漉漉的，迎面說：「我無代誌，我無代誌。（沒受傷）」台山說母豬中彈死了，一槽仔雞也被震死了，樹木遍體鱗傷，有的橫腰折斷東倒西歪，破片密密麻麻閃閃發亮。

台山說父親經過砲戰這一折騰，決定遷台，那時家中有十幾條成豬，可以變賣了，收成的花生裝了二、三十個布袋，疊得像一座小長城一樣，母親一直流淚，不願搬到臺灣，大姊也不願意，說要跟堂哥一起留下來，父親難捨能捨，放棄所有的家當，要大家趕緊遷台，不要埋葬在金門。小徑只有兩家遷台，另一家是張振伯，金門閩南式房子一流的建築師。

父親已先去登記了，台山說某一日的下午，軍車開到徑蘭小學的操場上，三個舅舅都來了，幫忙搬著家當上車。五歲的台山被阿兵哥抱上車，母親與大姊一直哭，不願上車。

當車子開到碼頭，小台山的眼睛看到黑壓壓的一片逃難人潮，舅舅送來甘蔗，說在船上可以解渴。登陸艇開出外海，後面拖著一艘救生艇，兩旁還有水鴨子保護，不遠之外觸目所及有巨大的軍艦，可能是護航的美艦。

船隻漸行漸遠，這一顆心是五味雜陳，李台山不懂得相見時難別亦難，也不懂得鄉愁，在他的幼年心版上，可能好玩的成份多一些，有兩件事他記得很深刻。不久軍隊端來了稀飯，但是沒有附湯匙，父親情急生智，啃了甘蔗之後，以甘蔗渣權充湯匙；其次厝邊張家的毛小孩，第一次坐上鐵殼船，很好奇，就問母親說：「這艘船會不會沉下去？」小孩子沒遮攔，他母親馬上訓斥他說：「死囝仔，不要講。」怕他一語成讖。

船開了四、五個小時，大家上到甲板上去透透氣，有人喊說：「太武山沉下去了，太武山沉下去了。」母親聽到之後，不斷的哭泣，不曉得何時才能重返家園？

難民一到高雄，棲身在新興國小的大禮堂，每家分一個角落，學生不時來慰問，也有戲劇可以欣賞。有一次廣播說香蕉皮不能亂丟，一個老人踩到摔昏了。住了一個禮拜，各縣市來認養。

台山說他們十一家分到屏東縣的鱗洛鄉新田村，起初沒有地方住，他家就被安排先住在香蕉行住了一個月，妹妹就在這兒出生。政府在田中央建了一列草房安置金門難民。

父親到臺灣，先到高雄大樹鄉工作，每天工資十塊錢。一九五九年碰上八七水災，那天大雨下個不停，下午二、三點鐘左右，台山說他跟母親在家裡，母親一面做針線，一面唱兒歌給他聽：「大船若出

金門難民十一家逃難到屏東縣麟洛鄉新田村，政府在田中央蓋了一排房子安置難民，留下這一張珍貴的歷史鏡頭。（李台山／提供）

港，思鄉的人會眠夢。」過了一個多小時，父親從外地急急忙忙趕回來了，這時水已經淹到腳踝了。

父親先把田埂劃開洩水，課長很惱火，說：「你要不是金門人，一定不會饒恕你」。父親眼見情勢不妙，當機立斷說：「大家趕快走，不走會淹死。」叫人去通知鄉親一起走，有人還在觀望不想走。

父親把東西一綑，門一關，房子漂走就讓它漂走，就帶著家人上高地，過了二十幾分鐘，洪水已淹到屋頂了。

台山說在麟洛鄉一共住了一年半，臺灣沒有工廠，想賺錢沒門路，一九六〇年啓程返鄉，先在旗津落腳一個月，再回到金門。回家不久，一九六〇年六月又碰上六一七砲戰，小徑的砲火比八二三還慘烈，張家的大兒子逃過八二三，卻躲不過六一七的死劫。（李台山訪談時間：二〇一二年十二月五日

訪談地點：新北市新店）

歷經八二三劫難刻骨銘心，生命就充實了

李國榮與弟弟台山的經驗不同，他到底怎樣看待八二三砲戰呢？他的生命歷程出現怎樣人生的風景呢？一九四二年出生的國榮，與父親的生命脈動息息相關。

他說一九四八年底，國軍先遣部隊已來到了小徑，一來就翻箱倒櫃，香爐的香灰倒掉，敲打牆磚如聽出空殼的聲音，就把整面牆打掉，目的無非都是爲了搜刮財物，母親藏在床頭的幾塊銀元最終被拿走了。

他說父親李清通一九四六當兵到大陸勦共去了，留下母親、長子的他及一個妹妹一家三人守住家園，然而兵來如剃，在他年幼的印象中跟土匪幾乎沒兩樣，只差沒有殺人放火而已。

國榮說父親出征，隸屬於國軍七十九師，依番號推算是四十九軍，一度駐戍在黑龍江省

國府征兵赴大陸勦共，李清通是七十九師，隸屬於四十九軍軍長王鐵漢的麾下，駐守在東北，不可能打徐蚌會戰。

彰武縣，軍長是王鐵漢。一九四七年八月在東北的楊杖子被共軍第八縱隊的黃永勝打垮，王鐵漢變裝搭機逃掉了。

國榮說父親打過徐蚌會戰，台山說父親打過濟南會戰。到底實情如何呢？照理說四十九軍被擊潰，接著國軍遼瀋戰敗就一路兵敗如山倒，四十九軍已無整軍再戰徐蚌會戰的可能，但是歷史上也沒有出現過濟南會戰，以致問題撲朔迷離。

國榮說父親只是一個小兵，看到的只是戰場的局部，他說白天戰場上看不到一個共軍，但是一到晚上到處都是共軍，蹲伏著像狗一樣，神出鬼沒，專門摸哨，許多衛兵被殺死。

冬天下大雪，整個戰場白茫茫的一片，共軍挖壕溝，利用大雪掩護，國軍發動戰車突擊，戰車一部一部掉到壕溝裡面，戰士不是被殺，就是束手就擒。整個徐蚌會戰屍橫遍野，血流成河，李清通僥倖而不死，藏身在屍體底下，共軍清理戰場，用刺刀不斷的戳而沒有被戳死，逃過一劫。

李清通負傷，不知天南地北一路逃亡，國榮說逃到蘇北與山東的交界處，碰到一個做生意的福建同鄉而被他所收留；可能這就是台山所說的山東人拿衣服給父親穿，臨別時還送了兩塊銀元的人了。台山說父親一輩子感念山東人，對山東人特別好。

李清通傷癒之後告別，十幾個散兵游勇結伴搭火車到南京，再轉到十里洋場的上海打工。有一天父親午睡時，夢見鄰居蔡成東背著咖車（牛軛），牽著一條牛要上山，告訴父親說：「通啊！通啊！你不回去，在這裡幹什麼？你家裡還有妻子兒女。」

父親突然驚醒，心想：「對啊！我家裡還有某子（妻小）。」就決定回來了，一路翻山越嶺南下，一九四八年返抵家門，翌年國軍就大舉轉進，古寧頭大戰爆發。台山說父親回來之後，才有他。

國榮說蔡成東生病時，母親很善良，對他很好，照顧備至，家人住護龍，而把正廳借給蔡成東居住。可是蔡成東的病勢日漸沉重，眼見要不起了，廳堂的李氏祖靈就一直趕他、打他，蔡成東不得已只

李國榮八二三當日到碼頭，差堪是這一幅景象，台生輪就在後面，然而戰事突然發生了，砲彈如急雷驟雨而至。

好搬遷，搬離不久就過身了。人世有情，可以情通幽冥，蔡成東或許感念李家的情分，即使在幽冥界也不忘要回來報恩。

台山說家裡是大莊稼，耕田一坵犁過一坵，換牛而不換牛軛；國榮說小時家中經濟不好，農家子弟要幫忙工作，沒有空閒時間，小學放學回來一放下書包，母親就說快去，快去幫忙。他要澆菜、耙草、餵豬與牽牛。

年紀稍長比較有力氣了，就要挑水肥，洗豬舍，雖然有忙不完的工作，國榮說他從小成績就很好，能考上金門中學初中部不簡單。他一九五五年在陳坑讀初中，距離家裡很近，早上去讀書，中午走路回家吃飯再上學，遠道的同學只得住校。一九五八年初中畢業，公費保送台南高農，八二三當天下午，父親送他去碼頭搭船。

這時的軍隊已跟他小時候見過的不同了，軍民相處融洽，互相幫助。他說家裡是通信連的連部，張士官長早知道他今天要去臺灣，來拿飯的當口，就像台山說的以一部1/4的吉普車送他去搭船。

國榮說車子從料羅灣折回新頭村的郊外，就聽到轟隆轟隆的砲擊聲，父親當過砲兵，有經驗，馬上說：「喔！打砲了。」車子就停在馬路邊，立即躲進電線溝，要國榮側臥，父親把他擁住，用腳把他夾住。

這時國榮看見上面中共的飛機一直飛，他說那時也不知叫米格機，地上信號彈從四面八方竄起，此起彼落，一直給飛機打信號。碼頭有很多汽油桶，共軍的砲火一直猛烈對著轟擊，共諜情報錯誤，不知是空桶。

躲了一陣子就趁著砲火的間隙跑到一個乾窟底。國榮說那一天如果不走錯路，早一點到了新頭碼頭，一定會喪命。那天要搭台生輪，台生輪閃離不及中彈沉沒，如果早一步登船，也會葬身海底。到了天黑了，砲停了，車子幸好沒壞，張士官長躲在安茨（地瓜）股，這時也回來了，就用車載大家一起回家。國榮說經過這一役，終身難忘。他說：「戰爭無情，和平無價，不光是口頭說說而已，沒有身歷其境的人，是無法體會戰爭的慘狀的，能夠活下來，生命就充實了。」

繼承老父衣缽，堅讀高農回饋鄉里

九月七日美軍第一次護航，他再次去搭船，同學李素貞、李明遼與李國華到下坑（現改夏興）找同學，他去通知他們登船，一到了下坑，十幾個同學已離開了，早一步去搭船，等他回來拿行李再到陳坑海灘，已經在岸勤作業了，剛好碰到讀北女師的歐陽佩珊，她告訴阿兵哥說：「這位小弟要到臺灣讀書，請幫忙一下。」

軍士一個幫他扛行李，一個讓他騎在肩上，協助他登船了，美軍一見到他，示意他趕緊進艙去睡覺。同學李明遼等人碰到他很詫異：「為什麼你的衣服沒有溼？」原來他的同學是自己涉水而過的。歐陽佩姍幫了一個大忙，國榮一直銘記在心，老來仍無法忘懷，表示那一天應去台北當面致謝。

船到了高雄，住了一宿，第二天就到台南報到。國榮說保送農校有四人，他是公費，農復會（中國農村復興委員會）出的錢。陳昆乾保送嘉義農校。農校與高農的差別，在於農校有初中部。

陳昆乾寫信給他，勸他轉師範，將來畢業之後做老師，但是他不轉，國榮說傻人有傻福。他讀高農訂了契約，畢業之後要回鄉服務二至四年，他畢業後回金門農會服務，擔任四健會指導員，月薪是公務員的三倍。

服務第三年時要保送他讀大學，國榮說那時家中老的老，小的小，需要他這份薪水；身為長子，盱衡家中的經濟狀況，因此放棄。不過他始終感謝政府特意的栽培。

國榮為什麼不轉師範呢？這事與他的父親有關。

日據時代，日軍在太武山培育木麻黃、相思樹等苗木，請了父親與蔡成東兩人主司其事，日本戰敗之後，國府從大陸撤守，一九五四年在金門成立了農林試驗所，現址是金城東門的自來水廠。國軍打探誰會培育苗木，找來找去只有李清通與蔡成東兩人，因此一直請父親出來幫忙。

金門東門離小徑的家太遠，交通又不方便，待遇也不好，一個月只有兩百塊錢，父親意興闌珊。政府不得已，把苗圃遷到小徑，租用民間的田地，現址是小徑的八三么。農林試驗所後來農林分家，在小徑單獨設立林務所，聘父親去當技術員。國榮說父親雖然大字不識幾個，但是有實務經驗。蔡成東過世之後就找他弟弟遞補。

約莫一九五九年或一九六〇年，林務所遷到鵲山。台山說父親個性耿直，急功好義，不適合做公務員，就回歸田園。可是他薪火相傳，由長子國榮承繼衣缽，一心一意要完成他未境的志業。國榮說小徑的林務所沒有一個科班出身的人，所以他要保送高農，堅定他服務鄉里的宿願，不聽同學陳昆乾好言相勸去讀師範，將來教書。

蔣夢麟是介紹人，每次晉見高山仰止

國榮說他讀高農，蔣夢麟是介紹人。每學期他都要從台南上台北向他報告學習狀況。蔣夢麟在大陸時期作過北大校長，這時是農復會主委，一間辦公室很小，只有三、四坪左右，仙風道骨。

國榮那時年紀輕，個頭小，每次見到蔣夢麟，不禁有「高山仰止」的感覺，身體不自覺的顫抖。國榮每次報告簡明扼要，秘書一見到蔣夢麟端茶，就示意國榮可以告退了。

國榮說他這一輩子的恩人很多，有些已經過世了，他報恩無門，引為平生的憾事。不過父母親留下的風範懿行，是無形中的遺產，只有飲水思源，不忝所生，光大祖德。

弟弟台山小他一輪，如今在台事業有成，享名鄉里。台山每每稱道父親是一位智者，是領頭羊，遇事處變不驚，當斷能斷，而母親肚量似海，能夠涵容，是女中的孟嘗君，因此子孫福大。他謙稱能有今天的一點成就，歸因於先人的遺澤。古人說積善之家有餘慶，這就是「天道無親，常與善人」的寫照，所以能逢凶化吉，子孫昌大。（李國榮訪談時間：二〇一三年一月十五日　訪談地點：金門小徑村）

12 大嶝女砲班，見證兩岸一頁慘烈鬥爭史

大嶝在一九四九年之前是金門縣的轄區，但在大陸整體淪陷前後，卻成爲金門的死敵。一九四九年十月十日至十三日，共軍攻打大嶝，火光燭天照亮了夜空，對岸的古寧頭人站在屋頂上還看得一清二楚。

大嶝陷落，從此成爲進攻金門的橋頭堡。一九四九年十月二十四日，共軍的重兵集結在大嶝的陽塘海域向金門進發，二十五日凌晨登陸金門南海岸，驚爆了三天兩夜的古寧頭大戰。共軍從氣勢如虹，聲震東南半壁，經古寧頭一戰血祭灘頭、片甲無回，自此氣餒而縮，無法再跨越海峽一步。

然而兩岸的鬥爭仍在持續，初期國民黨挾著空中優勢，飛機不時對大陸東南沿海偵測、騷擾與轟炸，埋藏著大陸人民鬥爭仇恨的種子，等到有人俟機一蠱惑，恨火被挑起成怒火，就以戰爭的英勇宣洩仇恨的怒氣。

大陸的人民，要來上演兩岸仇殺的歷史了。這樣的精彩故事，正史是不會記載的，後世的人要欣賞兩岸人民的英勇互戕，我們有幸把它保留下來，可以證明自詡爲愛好和平的中國人一頁慘烈的鬥爭史，殺別人報仇不成，只有自己殺自己。

許麗柑為報仇，自動請纓組女砲班

許麗柑，大嶝人，一九四〇年生，她是另類的巾幗英雄。一九四九年農曆八月十八日大嶝解放，她年僅九歲，跟父親躲在床舖底下，鄰居叫她爸爸：「出來！出來！沒有關係，解放了！解放了！趕快出來。」

回憶她的人生歲月，與中國動蕩歷史緊密結合在一起。她說國軍登陸大嶝的時候，共軍當晚也追躡接踵而至，然而民心的向背才是決勝的關鍵，國軍人生地不熟，然而共軍有人民爲之帶路。

那時大嶝孤懸海中，與內陸沒有橋樑可通，國軍守在碉堡裡，以機槍掃射，共軍第一次渡海強攻，屍體枕藉趴死在矮鋪的鐵絲網上。第二次從北邊帶路進來，突破了國軍的封鎖線，傷亡人數大爲降低。

大嶝女砲班是大陸的唯一，女砲班班長許麗柑與夫婿許江淮在雙滬村受訪神情。

大嶝島打了三個晚上就失守了。國軍倉皇撤退的時候不辨路徑，她聽說四百人溺斃。

經過了九年，她已長得亭亭玉立，解放戰爭的仇恨，爲什麼要記在國民黨的頭上呢？因爲她的阿嬤當時在爲解放軍燒開水，炊煙冉冉升空，國軍飛機投彈，把她阿嬤炸死了。

她記了這個仇。她要報復。她的公公（當時還沒結婚）抗戰時被日軍炸死，她無力報仇，也把這個仇恨轉嫁在國民黨身上。因此，一九五八年的八二三砲戰爆發，她實歲十七，是窈窕少女一朵花，她自動請纓要砲打國民黨。

這位穿著一身紅衣裳，一身貴氣的婦人，雖已年過七旬了，但在雙滬的家裡受訪，卻見不出一點老態；然而她的人生勝績，卻是年輕時扮演兩岸戰爭的殺手。爲什麼她要這樣做呢？她補充了理由。

兩岸分裂之後，大嶝人民越界討海捕

這是大嶝女砲班當年群雌粥粥的形象，右下為靈魂人物許麗柑巧笑倩兮，誰想到是一個大殺手。

漁，國軍不時開槍射擊，常造成人命傷亡。這時她的仇恨像農曆九月的大潮高漲了，她心中的仇恨在湧動。那時大嶝是前線重地，師部在一二九高地，也就是雀仔山，現在的和平觀光園區，下轄三個團，美少女許麗柑主動的去找團長，說要組織女砲班，砲打國民黨。

團長聽其細說身世，覺得頗爲可憐，然而不敢擅專，就要她去跟公社說。她找上公社黨委書記，黨委書記一聽就說很好，但要開黨委會討論一下。後經黨委會審批通過組織女砲班，班長許麗柑，一砲手洪秀德，二砲手許含笑，三砲手許秀乖，五砲手鄭換花，六砲手許春香。一個班六朵花，三個十六歲，二個十七歲，一個十八歲。

晚上摸黑去學操砲，用煤油燈照準星

這些年輕女孩子，從來不知兵事，當然也不會打砲，但是她們有心就不怕苦。她說

大嶝女砲班到田墘受訓的情形，她們的心中到底懷了多少恨？

五十多年前，大嶝是怎樣的一座島嶼呢？沒燈，沒路，人民一窮二白，她們一夥人要學操砲，從雙滬摸黑走著羊腸小徑一路到田墘；部隊派了一個排長一個班長來教導她們。許麗柑說只能利用晚上有月光的時間學習，準星要用煤油燈去照，否則瞄不準。

大嶝女砲班是大陸的唯一，當年砲打金門勇悍無前，在這一場慘烈的砲擊鬥爭中，許麗柑回憶當時親臨的戰陣，只說：「我們被你們打得很慘。」聽在經過八二三砲戰的金門人耳中，不知是喜？是悲？是憐？是痛？她說共軍沒有修築砲陣地，都是露天放列打砲，一二九高地有一列，海岸灘頭上有一列。國軍老兵張之初說：「毛澤東很囂張，裸砲拉出在沙灘打。」

國共兩軍砲找砲，砲打砲，共軍毫無遮擋與掩蔽，以肉身拚搏，自然傷亡慘重。許麗柑說：「有的斷腳，有的斷手，抬到田墘一間掩蔽的大禮堂，給衛生連包紮、住院。死傷很多。」她說：『有時一天死好幾班，支前民兵就扛到蓮河去安葬。」

兩岸的煙硝已經散去，眞相才慢慢顯露了出來。許麗柑現身說法，重現當年砲戰的場景，有一次砲戰時線路被打斷了，無法對外聯絡，通信兵來接線，突然一顆砲彈落在她身邊，張進華，湖南人，當場犧牲；而許麗柑頭部被破片擦傷，血流滿面，指導員幫她包紮。

每次砲擊聲響很大，震動強烈，讓人受不了。她說每次砲擊回來，頭痛、耳鳴、流血、流淚，飯吃不下，要打點滴，否則會不省人事。

當共軍準備砲打金門之時，老弱已經事先作了妥善的安置，大嶝當時劃歸南安縣，學童就遷往南安的水頭村讀書。其他青壯男女全部加入支前作戰，這跟金門的民防隊如出一轍，軍令如山，大家只有俯首貼耳，唯命是聽。

一九五八年從七月開始就一直下雨，這是老天爲人而垂淚，因爲戰爭馬上要爆發了，血要流淌在大地了。這有資料可以佐證：

「再說進入七月以來，福建地區遭受颱風暴雨襲擊，洪水氾濫，一些道路被沖壞，給砲兵部隊行動帶來很大困難。七月二十日夜間，沿海地區狂風大雨，參戰的摩托化砲兵，從閩北、閩中各地兼程向廈門、蓮河戰區疾馳。到達晉江時，因泉州大橋被洪水沖斷，部隊行動受阻。」[1]

大嶝島也受風雨之災。為了準備作戰，大嶝沒有山嶺，沒有樹林，一切物資要從內陸運來；許麗柑說田墘有三個碼頭，民兵扛石頭、扛木頭、扛砲彈。木頭直接卸到海中，民兵要跳入海中去搬運、去打撈。八五加農砲一箱裝兩發，兩箱一捆，民兵要用扁擔去扛。大雨下個不停，任務一個接一個，許麗柑說：「民兵支前，整月出門衣服沒有乾過。講到那時候很辛苦，大家都想哭。」

想逃跑就不讓他吃飯，大家乖乖聽命

人心是肉做的，這樣的辛苦，當然有人想逃

1 圍頭『八二三』砲戰紀事頁二十四，洪群等著。中國大陸政協晉江市委員會二〇一三年編印。

大嶝女砲班八二三之後，每逢單日要打砲宣彈。

走，但是中共控制很嚴，出門要有路條，吃飯要有糧票，不時的開會檢討，大家心動而不敢行動。她說不要想偷跑，青壯男女一跑就抓。

大陸當年實施人民公社，大家吃大鍋飯，村落設有公共食堂，牆上掛上每一個人的名牌，如發現想脫逃，就把名牌取下，不讓他吃飯。因此，大家爲了吃上一餐飯，乖乖聽命不敢跑。

許麗柑說那時即使怕也不行，會讓人批評貪生怕死，當時一直開會，一直宣傳：「死有重於泰山，有輕於鴻毛。」發現部隊犧牲慘重，大家哭個不停。

許麗柑是標兵，爲了鼓舞民心士氣，一見狀就大聲疾呼：「姊妹們！重傷不叫苦，輕傷不下火線，眼淚要化成力量，砲打國民黨，爲死難的戰友報仇雪恨。」

八二三砲戰結束，改成單打雙不打，大嶝女砲班繼續參與打宣傳彈。她說從一九七一年打到中國大陸與美國建交而叫停。許麗柑說打砲宣彈，下午四時就去裝塡、去秤重，看這一顆砲彈要裝多少重量，然後決定這個目標打幾發，那個目標打幾發。

到了單日晚上七、八點鐘開始打，通常有兩種砲彈：一種送花，空中爆炸；一種岩壁，彈頭鑽地。連長下指令給她，然後她要計算，再下指令給一砲手，一砲手要調整表測、方位、高低，任務比校重，經她檢查之後，然後喊：「全班注意，各砲手就位，注意聽口令，再喊一聲放。砲彈就出去了。」

一砲手洪秀德喜歡喝兩杯，已掛了二十幾年，由許炭花入替，現在六人都還健在。

砲戰之後就在晚上開會論功行賞，許麗柑評爲二等功，領了六百元人民幣獎金；丈夫許江淮，書記兼教導長，送砲彈支前，列爲三等功，獎金五百元。

一九六〇年北京開慶功大會，大嶝有功人員上京，接受毛主席召見、表揚，招待遊覽，會一開二十幾天。她當時要臨盆了，無法北上參加，領導知道之後，覺得美中不足。

大嶝女砲班當年炙手可熱，成為標竿人物，受到中共的殊遇，可謂集榮寵於一身了。

辛苦奉獻一輩子，只得到三個兒子的名字

中共國家副主席董必武，暗地裡來到了鼓浪嶼，這時許麗柑才生了兒子九天，正在家坐月子。董必武請她去鼓浪嶼開座談會，就爲她的長子取名許砲生，要讓小鬼順利長大。

生了次子，指揮砲打金門的大嶝砲群指揮官請她去開會，問說：「老二叫什麼名字？」

許麗柑說：「老大，董必武副主席取名爲許砲生。老二還沒有命名。」

『我爲妳取一個名字，妳要不要？』

許麗柑說，八二三砲戰之後，大嶝女砲班當紅，而她又是女砲班的靈魂人物，可說集三千寵愛在一身了。海空軍首長，爲她們開慶功大會，每次慰問團來或有勞軍活動，女砲班都特別受禮遇，坐在第一排看表演。而今砲群指揮官要爲兒子命名，她與有榮焉，就說：「要」。

次子就取名為許砲群，三子取名許砲團，而她手機最後三碼是八二三。

她說長子十七歲送去當兵，一九七九年參加懲越自衛還擊戰，立了三等功，在戰場入黨。長子退伍自願還籍，政府安排工作。次子考上軍校，當到上校副參謀長，退役之後也轉業紅十字會。老三當了十六年的志願兵。

我說你們一家又紅又專，她聽後哈哈大笑。

她說辛苦奉獻一輩子，沒有退伍證，沒有年金，也沒有優遇，她不無感慨的說：「我沒有得到什麼？只得到三個兒子的名字。」

一九六〇年代以後，大嶝才開始構築砲陣地，砲口都瞄向金門，現在兩岸開放交流，希望和平共榮，砲口都封起來了，砲都拉到大陸去，只留一門八五加農砲在觀光園區展示。

大嶝雙滬是許家村，金門珠浦許氏曾捐資幫忙蓋祠堂；二〇一二年珠浦許氏家廟奠安，許麗柑偕夫婿許江淮到金門交流訪問三天。這位當年怒打金門的女砲班班長，已經把仇恨洗淨了；當她看見金門建設得很好，社會一片祥和，環境整理得乾乾淨淨，人民和善溫文有禮，而她們夫妻走在金門的鄉野，沐浴在中國傳統的閩南文化之中，對於當年的驍勇善戰，猛砲狠擊金門，不知心裡作何感想？

當她知道金門的民防隊員，每月領有一萬三千多元新台幣的老人年金，非常的羨慕。大陸的民兵跟金門的民防隊一樣，都被驅如犬羊，上頭要你做什麼你就得做什麼，不能違抗。大陸的支前作戰，與金門的民防隊搶灘、構工如出一轍，然而到了老年的時候，大陸的民兵只得了一個虛名，空留遺恨。上頭說：「大陸的民兵太多了。」

大嶝的一二九高地，當年共軍傷亡慘重，現已闢為「英雄三島戰地觀光園」，其實滿地都是血跡。

當年用鮮血去拚搏，現已成鏡花水月

她說兩岸敵我鬥爭十分慘烈，那時說要勇敵，不怕犧牲，她說：「我們用鮮血與生命去拚搏，現在老了，一切都成爲鏡花水月。」記得二十多年前，有一次一位北京的領導南下，慰問了二千元，約等於現在的二十萬人民幣，剛好第二天是農曆七月半，大家就買東西到田墘祭拜。

這些慘烈犧牲的戰士，投訴無門，九泉之下要向誰去討公道呢？中國共產黨又是一個無神論者，他們無法享受人間的血食，當年的流血犧牲，回首前塵，如果能起死者於地下，倒要問問他們到底爲何而來、有何感想呢？

大嶝以前隸屬金門縣管轄，鈔票印有金門縣。抗日戰爭軍興，金門淪陷，金門縣政府播遷到大嶝辦公，一九四九年大陸易幟，大嶝島轉換了身分，這些早期出生隸屬於金門縣的縣民，中共每月發給一百元人民幣作紀念。

戶籍登錄爲金門籍的子弟，考大學加二十

分，考高中加五分。大嶝居民每天看臺灣電視，他們說很好看，很喜歡。大嶝以前只是一個漁村，與金門人多有親戚關係，常到金門買地瓜吃；而今北京的領導下來，覺得大嶝民眾的住房，已超越了北京。（許麗柑訪談時間：二〇一三年十一月二十九日，訪談地點：大嶝島雙滬村）

撫今追昔，中國大陸沿邊砲火把我們打得很慘，而大嶝也被我們打得很慘，通過時光隧道，回到歷史現場，要去省思這場戰役，到底有什麼意義？能給我們什麼歷史啓示與教訓呢？

大嶝島，面積十三平方公里；烈嶼是十四平方公里，兩島略相彷彿。大嶝島群由大嶝、小嶝、角嶼與大、小伯島組成。大小嶝與角嶼，八二三戰役砲打金門，中共冠上堂皇的所謂「英雄三島」，現在正以此包裝，發展戰地觀光旅遊。

大嶝島，現稱大嶝街道，二〇〇三年四月二十六日起屬於廈門市翔安區，大嶝大橋長九百三十一米，與廈門市聯通。大嶝島目下已脫胎換骨，可是揭開歷史的扉頁，發現當年戰爭的慘烈，豈止是留下淡淡的血痕而已呢！

八二三砲戰期間，國民黨軍一發砲彈正好命中大嶝山頭村的一個防空洞，造成三十幾個兒童死亡。（政協廈門市翔安區委員會秘書長辦公室主任康寧，二〇一二年九月二十三在興恆大酒店晚宴上說）

兩岸交流，首次聽到這樣慑人心魄的消息，讓人銘記於心；然而康寧語焉不詳，因此我們作了文字的追蹤：

山頭村慘劇，三十二名兒童中彈死亡

「一九五九年的元旦剛過，新年的氣氛還籠罩在福建前線，可大金門島上的國民黨軍砲兵，卻按捺不住了，於元月三日，突然向大嶝島濫施砲擊，造成山頭村幼稚園三十一人死亡（碑文說三十二人），十七人受傷。國民黨軍殘殺兒童的罪惡行徑，激起前線官兵和廣大人民群衆的憤慨，中央軍委決定於元月七日，向金門實施第七次大規模打擊，並要求此次砲擊只針對敵人的砲兵陣地。七日下午二點，海風漸漸吹散了雲霧，金門島清晰可見。擔負砲擊任務的二十八個砲兵營又八個連的砲兵，一聲令下齊發射，大金門島上的國民黨軍砲兵陣地即刻陷入一片火海之中。這次大打，共發射砲彈二六〇〇〇多發，擊中金門國民黨軍砲兵陣地十二處，觀察所十五個，國民黨軍死傷官兵一〇〇餘人。」[2]

這時砲戰已進入尾聲了，然而共軍仍經常對金門進行騷擾性的砲擊，沒想到國軍的還擊，在山頭村造成這麼重人的傷亡，可能是整個八二三戰役傷亡最爲慘重的，何況都是幼稚園的兒童呢？這些來不及長大的孩

2 全註一，頁五十七。

大嶝山頭村三十二名兒童葬身之處，如今立碑紀念，呼籲兩岸和平。戰爭受害者都是無辜的小老百姓。

山頭村民鄭欽元（左）受訪，談起當年的慘劇不勝唏噓。

子，成爲蔣毛恩怨、兩岸情仇鬥爭之下的犧牲品。但是又何奈？

文字追蹤之不足。因此，我們又登臨大嶝島、訪問了山頭村民，實際作了田野調查：

鄭欽元，大嶝山頭村人，受訪時六十九歲。八二三砲戰時只有十四歲，在馬巷讀初中，那時讀中學要遷戶口，遷糧食。

他剛好元旦放假回家，元月三日去找同學。同學說今天是單號，明天雙號我們再出去玩。他說三號下午四點多鐘，一發砲彈正中山頭村的防空洞口，三十二個老幼葬身洞中。

他說這是這一次砲擊倒數的第二發，再打一發整個就停火了，然而就是這麼湊巧。這一發砲彈造成重大傷亡，不僅整個山頭村爲之震動，傷心慘目，哭聲直沖霄漢，即使中共當局都爲之跳腳，憤怒難當。然而砲彈不長眼睛，人民付出了慘重的代價。

鄭欽元說：「這時的山頭村，雞不啼，狗不吠，外村人不敢踏進一步。」

一九五九年一月七日，中共對金門作了一次報復性的攻擊後，他說整個八二三砲戰就此落幕，以後改為單打雙不打。

山頭村的犧牲，標誌著八二三砲戰的慘劇。

兩岸的對抗，受害的都是老百姓，他說中共從圍頭封鎖料羅灣的補給線，國軍就封鎖廈門到大小嶝的海上交通。國軍打到山頭村，造成重大傷亡，共軍打到官澳一帶的彈藥庫，燃燒了幾天幾夜，他在大嶝看的清清楚楚。

共軍傷亡慘重，整個連幾乎都犧牲了

兩岸的砲擊，其實都傷亡慘重，沒有勝利者，只是彼此隱而不宣，都誇大了自己的戰果。欽元說共軍實施海空封鎖，打得胡璉司令員幾乎要投降；而大嶝的狀況也好不到那裡去？金門只有一百五十平方公里，要承受大陸四十七萬發砲彈。大陸沿邊有幾百公里，國軍反擊的砲彈只有十二多萬發，分布在這麼廣袤的地方，只是大嶝島落彈獨多而已，已把共軍打得哀哀叫。

欽元說大嶝的民房中砲損失很大，而雀仔山高地的砲兵放列有七連、八連、九連，其中有一個連傷亡慘重，死剩沒幾個，還抓民兵充數去打砲；紅ㄆㄧㄚ有一個連，幾乎也被打掉了。

前線官兵抵擋不住，要求撤退，然而上頭不准，要求死守陣地，絕不能撤退。那時打到怎麼樣呢？旁邊一名中年男子說：「土地中彈像挖了戰壕溝一樣。」他說這些砲兵，多是抗美援朝下來的志願兵。如果真是這樣，毛澤東用國民黨的砲火消滅國民黨的降兵，一石兩鳥，把這一幫人清洗掉，真是殺人不用刀。

大嶝解放時，鄭欽元只有五歲，可說吃共產黨的奶水長大，一路走來見證兩岸的鬥爭與大陸歷史發展的曲折道路。以前大嶝是個孤島，到外地讀書不易，漲潮時要搭船，退潮時走海底路。

毛澤東掌權時，實施人民公社，山頭村是一個大隊，設有公共食堂，做工要分配工分。鄭欽元讀到初中畢業，解放初期，大陸人才缺乏。既然如此，我問他說有沒有做官，他聽了之後哈哈大笑。那時要看成分，成分不好，讀書會受到梗阻，連當兵都沒有資格。如果跟臺灣有牽連，那就更沒有好日子過了。

鄧小平改革開放，大陸從此脫胎換骨

鄧小平改革開放之後，整個大陸才一百八十度的大翻轉。鄧小平說：「不論黑貓白貓，只要能抓老鼠的就是好貓。」這句話的深層意義，就是破除大陸已往的成分論，人民不再被貼標籤。

鄭欽元說鄧小平的政策轉變：

一、可以做生意

二、先富先光榮

他說鄧小平讓老百姓有飯吃，他的功勞最大。大嶝的山頭村，唯獨沒有靠海，老百姓只能種地瓜、養豬，吃都吃不飽，怎麼能夠存錢呢？他說有些人連過年都過不去。

鄧小平南巡，發表改革開放的政策，首先將廈門列入經濟特區，廈門從一個小漁村，如今已蛻變成爲現代化的都會區；而大嶝島群劃入廈門翔安區，廈門的經濟發展產生連動效應，大嶝現在是家給人足。

年輕人可以到廈門謀生，老年人都在家鄉種田、養老。從一九七九年改革開放之後，經過三十幾年分田地到戶，整個已發展起來了。他育有三女一男，現在不用做了，享福了。

大嶝山頭村是鄭家村，從河南遷來已有幾百年了，是田墘鄭氏的分支。解放前只有三百六十幾人，經過八二三砲戰的傷亡，如今已茁壯到一千多口了。走過了風雨歲月，他最希望是兩岸和平，和樂共榮的發展。畢竟戰爭的損傷太大了，如果再發生毀滅性的戰爭，那就更不得了。

中國大陸對於大嶝的金門人有優遇。就是一九四九年前從金門過去的，或是跟金門有親屬關係，而不是上文所說的一九四九年前在大嶝出生者。旁有一名五十歲的婦人，已做阿嬤，她說：「公公以前在金門教書，娶了婆婆歐陽玉璇，歐厝人。兩年前過世。」她公公鄭晨鐘，是一位畫家，現住大嶝。這樣出身的人與子女，在大陸現代倡言的兩岸一家親政策，從以前的黑成分如今反而翻紅，也許這就是政治現實吧！

鄭欽元說：「我們只談歷史，只談兩岸關係，不談政治。」（鄭欽元訪談時間：二〇一三年十一月三十日，訪談地點：大嶝島山頭村）

13 戰火流離來摧折，顛苦人生顛苦命

小嶝地理距離金門近在咫尺，但是心理的距離曾經十萬八千里。這是親訪小嶝的渡口。

詹女士，金門青嶼人。她在小嶝的家裡，遇到我們不速之客的到訪，訴說了她的顛苦故事、流離人生。

她說約莫八、九歲的時候，被人綁架掠賣給沙美青嶼的張榮寬。張家家大業大，兄弟都各開有店面，伯父張榮忠開了油行與金子店。養父有四個兒子，老大下南洋，老二被「大路賊」（強盜）綁架，老三老四夭折。

面對這樣的一個大戶人家，她是被賣來當「佐幹」（意即閩南語的使婢），她在張家所受的待遇，只能說刻骨銘心，老來不堪回首。她的人生命運，與時代的脈動緊密結合在一起，中國社會的內憂外患、動蕩不安，更在她的生活添上酸辛苦辣。

詹女，一九二六年生，一九四五年抗日勝利，金門經過了八年的日寇肆虐，終於可以重見青天白日，而她也已由

兒童長大成爲少女了，翌年她就嫁到小嶝島。她說單衫獨褲的來，張家沒收聘金，自然也沒給嫁妝。她的命運又改變了一次，從此成爲小嶝吳家的媳婦，要受戰火與生活的折磨。

詹女從官澳渡海，單衫獨褲嫁到小嶝

她說丈夫父母雙亡，受到伯父的牽成，這樁婚事也是伯父去說的媒，當她一九四六年冬至前三天搭乘舢舨，從官澳海域渡海嫁到了小嶝，發現吳家是一個破落戶，只有一家殘破的大房可棲身，而丈夫身體荏弱，只能撒網趴魚，田地狹小而又貧瘠，種出的地瓜都是一丁點，根本食不裹腹，她發現掉入了一個生活的「苦坑」。

正如曹植泰山梁甫行詩云：「八方各異氣，千里殊風雨，劇哉（艱苦）邊海民，寄身於草野；妻子像禽獸，行止

小嶝詹女士談起她的顚苦人生，真是一把辛酸一把淚，讓人不忍問她的名字。

依林阻，柴門何蕭條，狐兔翔我宇。」

她不知道吳家是這樣的編戶，生活這麼的困難，戇戇的過來，一來發現日子比在金門當婢女還難過，午夜夢迴，她對於張家的安排無法接受，就把怨懟發洩到張家頭上，和平年代兩岸可以通往，她曾回到青嶼的張家一趟。她說：「死還給他。」

一九四九年天地轉，光陰迫，整個中國社會天翻地覆，國府播遷到了臺灣，大陸整體淪陷了，小嶝也鎖進了共產黨的統治之中。兩岸的對抗與鬥爭，戰火波及到了小嶝，國軍的飛機不時飛臨轟炸，把抗戰時殘存的房子炸毀。她說就去住「土坑」，次子一九五五年在土坑中出生。

大陸易幟之際，一九六五年出生的三子說，國軍抓壯丁，紅軍就抓船夫。共軍一九四九年十月十日攻打大嶝，他說父親沒被抓夫，趁隙逃走了，可是十月十五日攻打角嶼就無法倖免了。

一九四九年十月二十四日晚共軍起渡攻打金門，小嶝的船夫比較狡猾，只張半帆，其他地區的船夫傻傻的，張全帆猛進，多死在灘頭上。

解放軍十月十一日一到小嶝，詹女說對老百姓很好，還煮飯端給小孩子吃。一九五八年八二三砲戰，她說國軍打燃燒彈，把僅存一間半毀的房子、眠床與漁網都燒掉了。詹女一家無家可歸，從此無法見天日，在土坑一住十五年。

她說戰爭帶來很大的苦痛，本來家中就貧困，和平時代丈夫趴得到魚就煮，趴不到魚就讓它餓。如今又發生砲戰，田地中彈坑坑洞洞，又不敢出去挖地瓜，她說鐳（閩南語錢的意思）又沒有鐳，連一餐飯吃都嘸。她說苦得不得了，苦得不能講。

砲戰結束後，仍在生活邊緣掙扎，想起這一輩子的命運，都是拐子造成的，她說小時家裡不僅不是什麼大戶人家，而且根本是沒什麼錢，然而拐子只要販賣人口有錢賺就好了，管妳三七二十一。因此，平日閒聊中她也常跟鄰人談起自己的身世，說自己本是廈門人，八九歲的時候，被人拐賣到金門青嶼，然而言者無心，聽者留意。

從廈門被綁架拐賣到官嶼，人生變黑暗

有一天一個小嶝人走船到廈門，請一名婦人補帆，隨口就問：「妳們生活好不好過啊？」

「不好過。丈夫不知在幹什麼？一個女兒被拐賣。」

「啊！」行船人大吃一驚：「在我們小嶝。」

船夫回來告知這個訊息，詹女認為姓氏不一樣。廈門補帆婦姓詹，夫家姓張，與她生父不合，雖然空歡喜了一場，不過她說還是一夜睡不著覺，左思右想，輾轉難眠，又沒有一個人可以商量，就請人秉筆寫了一封信給詹婦。

信上說：「我是姓詹的女兒，名字叫什麼？父親是什麼名字？母親姓什麼？」詹婦拿到信，發現是她的本家，就是族親，父親詹，母張氏。父母親寄了相片與金錢過來，詹女說一看就是生身的父母，沒錯。

她要去廈門跟父母相認，幾十年魂牽夢繫，她懷著一種興奮與忐忑的心情前往。小嶝是一個小小島，從金門嫁過來之後，在饑餓邊緣打轉，每天只求度日而不可得。如今有了生身父母的消息，人生重燃了希望，好像以往所受的苦難都是值得的。

她想去尋親，一個目不識丁的婦人，長子只有八九歲，根本幫不上一點忙，可是認親刻不容緩，幾十年的朝思暮想、死生離闊，終於有相見的一日，怎能教她不興奮莫名呢？然而孤身前往廈門，她說：「有如大海摸針。」

她坐船到了大嶝，再搭船到蓮河，漫漫的長路，她幾乎不辨路徑，廈門如何可達？親人如何可認？

一個人千里迢迢，幾經舟車的勞頓與轉折，對她來講都是考驗都是困難。只是認親的興奮，讓她暫時忘記過程的辛苦。

當她住進蓮河一家客棧，剛好碰到一個人，彼此詢問要去那裡？都說要去廈門，剛好是一路的，彼此就更親近了，煮東西彼此分享，然後結伴搭車到了廈門，她說這人很好，還幫她帶路認親。父親在作生意，她說賣東賣西，也賣水果。弟弟為革命工作，在廈門區委會當幹部。

她總算找到了根，幾十年的顛波苦痛、生活艱辛，化作了千斛的淚水，向父母親盡情傾洩。訪談的過程中，次子，剛從大嶝看醫生回來，他說母親十歲那年被綁架，裝在皮箱中，從廈門港偷運到了金門。

他說母親被綁，外公傷心欲絕，食不下嚥，坐不安席，一個心怔忡不寧，從南安、晉江沿路磨剪刀作活計找尋，找到了圍頭，準備搭船到金門之際，碰巧犯風，錢也花得差不多了，就折返，使父女的相認耽擱了幾十年。

鄧小平的改革開放之後，中國大陸出現了轉機，小嶝吳家也找到了活路，三子到澳門工作三年賺了錢，回去蓋了一幢石頭屋，就是現在安身立命的屋宇，總算可以結束住土坑的日子。

詹女士，受訪時八十八歲，仍然耳聰目明，身輕體健，腦筋清楚，丈夫已經過世了，享年六十六歲。她育有三男二女，目前跟兩名兒子住在一起，對於沙美相關村落她至今仍然琅琅上口，問她有沒有意願走小通再到金門舊地重遊？蹈尋年輕時的足跡步履？

戰爭與流離之苦，發出一聲百年長嘆

她慨然長嘆一聲，這一嘆是百年長嘆：廈門是她的生身之地，金門是她的傷心之地，小嶝是她的受苦之地。一旦重回金門，過往那些痛苦的記憶都回來了，所以她寧願選擇逃避，藉口說長子十七歲去從軍，後來歿了，對她的打擊很大，從此意志消沉。

其次她想到當年在張家腳底下工作沒受好對待，動不動就打罵，這顆心也就冷了；何況長大之後張家又把她丟到小嶝，辛苦的日子才真正開始。她回想八九歲時被綁架掠賣，二十歲過海到小嶝，吃不飽穿不暖，不是碰到解放戰爭，就是八二三的砲火，連啃地瓜都不可得，艱苦備嘗。她說：「這一輩子眞的很不值得。」

她說共產黨不錯，八二三之後一度幫忙整建房子，而今她每個月領有四百元人民幣（約一萬元新台幣）的老人年金，總算可以過著比較安穩的老年生活。活了這麼大的歲數，見過風風雨雨，人民求的是什麼呢？不過是能安定的過日子。幸福，原來這麼簡單。（詹女士訪談時間：二〇一六年十二月二十五日，訪談地點：小嶝後堡）

金門人過小嶝，小嶝人過金門，兩島海路相距不過一千六百米，風平浪靜之時，小舢舨一搖就到了。和平時代，兩島人民可結爲親家，戰爭之時就結爲仇家了。因爲，小嶝島的地理位置險要：小嶝島面積〇點八八平方公里，比大擔島的〇點七九平方公里大那麼一些些，地處翔安、南安、晉江、金門的交接處，扼守閩海的咽喉。自古是北上泉州，南下廈門必經的水道，所謂「引漳泉而控浯海。」

許燕，一九四九年生，小嶝島人氏，自小屈身生活在金門，這與活生生被困在小嶝的金門人詹女，可以作爲兩岸分裂的一種生活的對比，因爲他倆都受戰爭的試煉與荼毒。

許燕的父親是一個行商，和平時代往來兩岸，常到沙美街上作生意，因此與官澳的楊家結親。許燕出生四個月，父親一舉得男，心裡非常高興；外婆對女兒添丁也喜上眉梢，自己就划著一隻舢舨到小嶝，接回女兒與外孫，準備宴請賓客。

大陸風雲變色兩岸分裂，許燕人生變調

就在這個當口大陸風雲變色，國府播遷臺灣，兩岸從此走入分裂與對抗的血腥鬥爭中；佇立在官澳海邊，遙望小嶝島咫尺天涯，許燕與母親有家歸不得，從此望穿秋水，望斷流離的歲月，望斷死別生離。

一九五四年，母親與外婆下海，沒有抓到什麼東西，回到岸邊發現茅草茂密，心想順便耙幾根草回去當柴火，沒想到這一耙，突然驚聲一響，地雷瞬間爆炸，母親與外婆雙雙慘死。

六歲的許燕，懵懵懂懂跟著村民到海邊，只見母親額頭一個小洞，其他身體完好也不見異樣；村民用樓梯當擔架，把母親抬回村子，母親秀髮如雲直瀉。這是他對母親最深刻的印象。外婆被炸得死無全屍，幾天之後還從海邊找回一隻斷腳。

他說外公早年落番，像斷線的風箏從此音訊全無，外婆收養了一個李姓的女兒，招了一個蔡姓的贅婿，名義上是舅妗，其實一點血緣關係都沒有。如今面對人倫慘劇，許燕孤身一人，成爲名副其實的人間苦燕，天地之大，他這麼孤弱，要怎麼去遨翔呢？

許燕從小跟著舅妗過生活，他說舅舅孩子衆多，生活本來就艱困，現在又添了他這一個名義上的外甥，生活更加捉襟見肘；可是人世有情，舅妗仍然對他照顧有加，讓他幼小的心靈沒有受到傷害。

可是一個特別的日子，特別的事件發生了。一九五八年八月二十三日傍晚，他結伴上山去撿牛糞，就在官澳四砲的砲陣地後面。突然間聽到砰砰碰碰的聲響，十歲的許燕抬頭一看，只見大陸漫天的砲火打了過來，他順勢臥倒。

趴躲了一陣子，突然覺得身體一陣劇痛，他說天旋地轉，痛得在地上打滾哀號，後來發現右臂血流如注，衣服滲出血跡，肋骨也斷了。

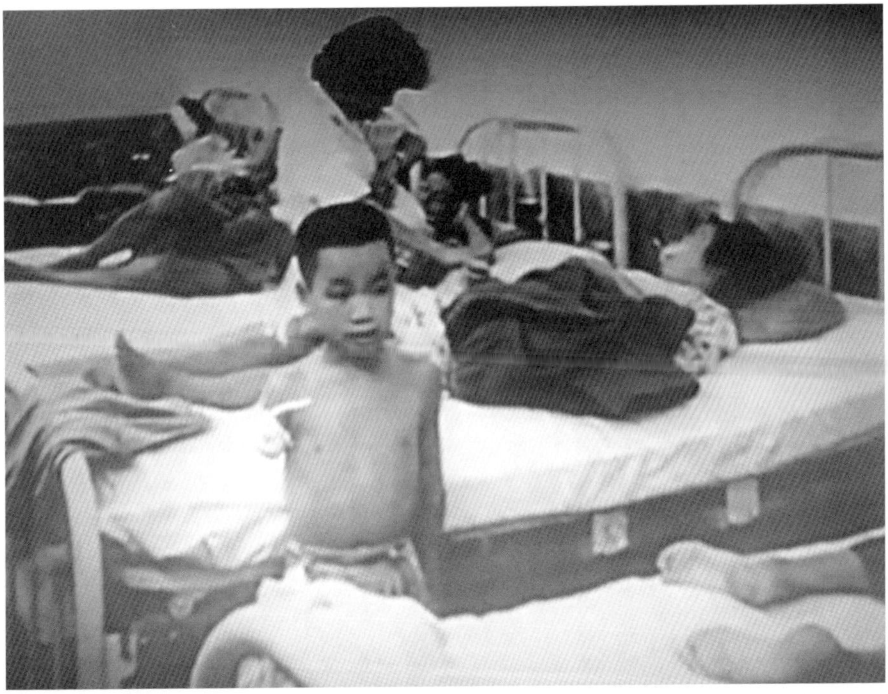

小嶝人許燕一九四九之後有家歸不得，八二三身受砲火的摧殘，這是十歲時留下的歷史鏡頭。

等到天黑歇火了，村民紛紛上山找小孩，扯開喉嚨喊兒女的名字，可是他沒有聽到有人喊「阿呆。」就自己扶著只黏著一層皮膚的斷臂，昏昏沉沉的順著山路走回家。

八二三砲彈驚天一爆，從此成為獨臂郎君

舅舅當頭碰到許燕，看到外甥滿頭滿身是血，泥土與血漬凝結成的血汙，活像一個血人。許燕說三分像人，七分像鬼。舅舅一看，登時癱軟在地，心想孩子怎麼這麼苦命，這隻折翼的孤燕以後要怎麼過活？

阿兵哥用軍車載他到山外衛生院，醫生無法處理，就轉送尚義五十三醫院；這時國軍官兵傷患躺

許燕右手幾乎齊肩截肢，左手中指與無名指也切去一截，當戰爭已過了六十年了，他也就傷痛六十年，他的人生要向誰去討公道？

得滿坑滿谷，軍醫隨便幫他包紮一下，拿一個杯子給舅舅。醫生說：「口渴時，只能用棉花沾沾唇。」許燕三天沒吃沒喝，也沒吊點滴。

傷口包了三天悶著沒處理，已經開始腐爛。舅舅心想：「難道眼睜睜見他死嗎？」就主動去找醫生，剛好一位國防醫學院甫畢業的醫生，動了惻隱之心，載往衛生院卡刀，死馬當活馬醫。

醫生說不能打麻針，如打麻針，死亡的機率很大。舅舅無話可說，心想不打就不打唄！只見醫生用鋸子硬生生的鋸，許燕說痛徹心肺，讓他死去活來。醫生幾乎把整個右臂齊肩切掉，左手拇指與小指完好，其餘三指受傷，中指與無名指切去一截，食指也要切。

舅舅見狀，就跟醫生商量：「這一指如果也切掉，以後就不能拿東西

了。」醫生就說先包紮看看，如可以不鋸就不鋸。阿呆說：「感謝舅舅幫我保留了這一指。」

衛生院沒有病床，睡在床舖地下四個月，然後後送臺灣。許燕坐水鴨子轉乘登陸艇，冒著風浪賈勇前行；他說水鴨子像一只車斗，大浪兜頭打下，海水灌進艙裡，浪退之後，水鴨子鼓浪上升，順勢把水排了出去。

許燕說整船除了一位開船者，另外還有一名病患軍人，直挺挺的躺在艙底，一動不能動，大浪一來躲無可躲，徹頭徹尾把他淹沒。他說這位阿兵哥很可憐，可是他愛莫能助。

這樣折騰了兩晚，都無法登上登陸艇，就改搭飛機，到了台北剛好碰上慶祝國慶，送往中興醫院的前身台北醫院，住了個把月，再轉送基隆醫院的「金門病患專區。」住了將近一年，護士看他小可憐，教他寫字與讀書。

出院之後，進不去華興育幼院，改送北投私立薇閣育幼院。小學畢業考上五省中分校——現在的中和中學。唸了一個月，就回金門中學初中部，沒有錢繳伙食費，好心的同學就打了剩菜剩湯泡飯給他吃。許燕說當時大家像餓鬼投胎，已然吃不夠，怎能還有賸餘？

高中升學考試，考場設在學校的大禮堂，作文寫毛筆字，風陣陣從窗戶吹進來，他只有一手，按不住試卷，考得很辛酸，心裡很挫折。他名落孫山，只備取軍事班，想讀的人都表歡迎，唯獨他被拒於門外。

一隻風雨中的苦燕，燕燕于飛找到真愛

許燕心想，我既不能耕田，又沒有本錢作生意，也沒有父母兄弟可以倚靠，人海孤雛，流落在戰地的金門；一個初中畢業生，能做什麼呢？他情急生智，就寫信給金門戰地司令官，說要從軍報國。過了幾天收到司令官的回函，說殘障人不能讀軍士班，特准他免試升高中，學雜費全免。高中畢業之後，不能考特師科當小學老師，但是他也不願留在縣府當一名小辦事員，受了高中地理老師黃璉的鼓勵，一九七一年就到臺灣獨臂勇闖天涯。

面對茫茫人海，面對茫茫人生，他既沒錢，也不能打工，說要闖怎麼闖呢？他心中不免惴惴不安。黃璉老師說：「你不要怕，我的同學在外島服務處，有事情就去找他。」處長對他另眼相看，熱忱的接待，一桌八個上校在吃飯。許燕說吃了兩個月的早餐，他就沒有勇氣再吃下去。

許燕說經過三年苦熬，終於考上大學。他受傷時美國記者報導，有一筆善款以蔣夫人的名義存在金門縣政府，但是不准動。他就開始賣冰自謀生活，單臂推冰車，他說推得「啦啦虯。」（閩南語顫抖之

許燕在兩岸開放之後回到故鄉小嶝，父子幾十年後首度相見，相對無言。

意）同學胡易成每月打工一千二百元，就給他六百元。

大學畢業之後，他的希望又遇到挫折，私人公司敬謝不敏，想當公務員又被峻拒不納，他無路可走，就想去擺攤。但擺攤補貨要有錢啊！就向姨媽借了五萬塊錢，同學女友杜淑貞也借給五萬元。有一天錢包被人偷走，杜淑貞索性辭去工作跟他一起擺地攤。

月下老人已繫上繩子，姻緣是前生註定的，不可錯過。然而看到一個獨臂郎君，冒著風雨獨飛的一隻苦燕，杜家父母不准他們參差其羽燕燕于飛。杜父說：「作兒子可以，作女婿不行。」杜母反對得更爲激烈，許燕去跟她吵架，後來找了胡易成去提親。

杜媽說：「你不是來提親的，你是來通知我們的。」儘管杜父杜母不同意，但是還是來參加婚禮，只是來個不理不睬而已。許燕育有一兒一女，他現在總算能理

兩岸以往鬥得你死我活，小嶝島如今兵撤走，碉堡荒廢，已走向弭兵。

解岳父岳母當年的心情。許燕說假如他女兒碰到這樣子事，他也會反對。

一九八七年兩岸開放探親，翌年許燕回到闊別四十年的故里，見到了自小身分證寫著亡故的父親，父子兩人木然相對。許燕經營早餐生意與饅頭店有成，就帶了四千美金回去，花一千美元買三大件：冰箱、電視與洗衣機。父親捨不得用，都賣掉。

另外兩千美金給父親，許燕說整個小嶝島爲之震動。父親許文景，行年七十四歲，平日作竹籃，村民打趣說：「景啊！景啊！你這支篾刀可以吊起來了。」四十年後首次見了父面，也是最後一面，翌年父親就往生了。

同年官澳的舅舅，一向對他很好，身段柔軟，唱腔哀怨婉轉，結束了「九甲戲」苦旦的日子，也結束了他的苦海人生。許燕說沒有父親，就沒有他，而沒有舅舅，就沒有今天的他。人生的恩義，舅舅的地位甚至凌駕父親之上，舅舅的遽爾過世，讓許燕只有長留去思，感懷不已。

許燕的苦海人生，是一隻折翼單飛的苦燕，有了杜淑貞女士來共築愛巢，讓他的苦海人生找到避風港，讓這一隻折翼苦燕找到了伴侶，可以雙宿雙飛，生兒育女，享受人倫的溫暖與人世的溫馨，彌補了戰爭的不幸，時代的苦難，失親的苦痛。回首前塵，許燕覺得人生仍是彩色的，亮麗的，幸福的，他惜福感恩，而把缺憾還諸天地。（許燕訪談時間：二〇〇九年十一月二十四日，訪談地點：金城安和新村）

14 圍頭戰地小老虎，不敵兩岸的和平情篤

圍頭一直強調它是大陸本土最貼近金門的地方，這是刻在海岸邊的標記。

田浦城位於金門的東角偏北，自古是海疆的重鎮。明洪武二十五年（西元一三九二）在橢圓形的花崗岩山阜，長約一百六十多公尺，建了一座鎮海城，觀日門與鎮海門雄峙，內設有巡檢司，所以也稱爲巡檢司城，供奉從泰山分靈而來的城隍爺。

鎮海城城周一百六十丈，高一丈八尺，基寬約一丈，是晉江、南安與同安三縣的海防要衝，居高臨下環視，周圍一百八十度的海域看得清清楚楚。這樣的地理區位，隨著時間的遞嬗，並沒有減少它的重要性。

一九四九年的兩岸分裂，國府轉進，天馬部隊與二〇一師首先進駐。八二三砲戰期間田浦駐守一連的士兵，還有兩支高砲部隊，配備一槍一砲。這樣的高岑，地底都是磐石難以鑿井，村民約有四、五十人，要到海邊淡水井挑水喝，如

果人口太多，飲用水就不敷。

田浦設兩個觀測所，鎖定圍頭砲陣地

兩岸對抗時代，這兒戒備森嚴，衛兵把守門戶，除了當地居民可以進出之外，等閒之人是難以虧其門徑的。

住民柯國西說，田浦設有六〇一與五一七兩個觀測所。金東師與南雄師在六〇一觀測所派駐聯絡官，指揮師砲兵與鵲山六九二營的一五五加農砲。後來又有五一七觀測所，指揮八吋砲與二四〇巨砲，統統鎖定圍頭的砲陣地。一五五加農砲與八吋砲的觀測官各住廟宇的一邊。

他說砲戰一開始，他正在古井邊與阿兵哥一起洗澡，只聽到隆隆的砲聲，老芋仔急忙說：「小鬼！小鬼！趕快回去。」回到家之後，抬頭一看只見太武山中彈，濃煙蔽空。他說從八月二十三到九月二十三日，田浦城並沒有中彈（中彈一百多發是以後的

八二三砲戰時，田浦人柯國西（見圖）很小常去觀測所打轉，背景就是五一七觀測所。

圍頭毓秀樓，當年是海軍臨時指揮所，彈痕累累，中共刻意不整修，作為歷史見證。

事），所以中午時分就常到觀測所閒晃，看觀測官指揮砲戰。

柯國西說田浦只有五七戰防砲守海防，因屬岩岸船隻無法泊岸或靠近。這樣的地理環境，右控許白灣，左控料羅灣，直面弦控圍頭灣。田浦在八二三砲戰，是金門東半島的鷹眼，鎖住圍頭的砲陣地。（柯國西訪談時間：二〇一三年五月六日，訪談地點：金門田浦）

當十一歲的柯國西在田浦好奇觀看兩岸的砲擊，而對面的圍頭正有一名十六歲的青少年洪建財，有如猛虎出柙支前，要寫下他人生英勇的履歷：

> 記得八月二十三日那天，剛吃過午飯，就通知基幹民兵來海軍臨時指揮所毓秀樓開會。縣海防部王遠章主持會議。他說了當前對敵鬥爭的形

勢，說是要準備解放金門。海軍海岸砲部隊的副指導員魏超也來了。魏超在會上說得很嚴重。他說，你們支前就是跟部隊在一起了，砲一打響，不能跑掉，要跑，就算逃兵……他講了十幾分鐘。會開完，就有部隊送來一大堆半新不舊的解放軍鞋，往院子裡一倒，大家自己挑一雙去穿。……

從毓秀樓有一條戰壕通向廣山海岸砲陣地，……整個金門島、料羅灣都在我海岸砲的射程之內。廣山海砲陣地有四門砲，一砲、二砲、三砲、四砲，都是蘇式一三○榴彈砲。……

五六點鐘開始打砲。聽砲聲，廣山、陳山、狗山，我們砲陣地上的所有大砲一起打；廈門前線、大嶝、小嶝那邊也打，都往金門打，萬砲轟金門！金門島上頓時冒起一團團黑煙。不久，敵人的砲兵也開始還擊，一發發砲彈落在砲位附近，爆炸聲很嚇人，震得耳腔鬼哭個不停。

看到砲手們把砲彈一發發地往砲管裡填，打得很激烈，我們也不害怕了，只顧扛著砲彈急急地往砲位送，來回快跑。開頭我扛一顆砲彈還覺得有一點吃力，這時一急起來，一下子扛起兩發砲彈就跑。我這個不滿十六歲的小個子，體重只有八九十斤，兩顆砲彈比我還重得多。那時也不知那來的力氣，扛起兩顆砲彈照樣溜溜的跑。

正打得激烈的時候，突然，砲位上的一個藥包被彈片打到，起火了，火燄一下子竄起好高，周邊的乾草也燒起來。大砲附近都是砲彈、藥包，好險！砲長尹大安喊聲：「防砲！馬上散開！」三砲手是個方向手，射擊暫停時，方向手一定要把砲身轉回掩蔽位置，保護火砲的安全。

圍頭三砲中彈，砲手被燒成一個火人

這時，三砲手身上已經著火了，他顧不得撲滅身上的火燄，雙手飛速地轉動方向盤，直到把火砲轉進掩蔽部。這時他已經燒成個火人。他就地翻滾，戰友們也幫他撲打。火雖然熄滅了，但是他已燒成重

傷，昏迷過去。這時砲長又發出繼續戰鬥的命令，他從昏迷中醒過來又投入戰鬥。指揮員命令他下火線，他就是不離開砲位，又堅持了三四十分鐘，直到昏死過去。

當濃煙散去以後，我看見三砲手還趴在砲位上，我離他很近，就搶先一步去扶他。他一動不動地趴在砲位上，身上的衣服燒得只剩下幾塊破布片了，渾身冒煙，一股焦臭味。我也顧不得多想，就和幾個戰士一齊把他從砲位上扶下來，輕輕地放在一邊。不一會兒，擔架隊和救護隊就把他抬走……

共軍砲手安業民死時只有十九歲，中共在圍頭塑像紀念，朱德題寫「共產主義戰士安業民永垂不朽。」

洪建財是圍頭的標竿人物，這是晉京接受表揚，各界歡送的場景之一。

九月間，聽說那個三砲手燒傷太厲害，搶救無效，犧牲了。直到部隊上的人來了解他的英雄事蹟，我才知道他叫安業民！

八二三那天晚上，足足打了一兩個小時。雙方都不打了，後勤挑飯來，也吃不下，胡亂吃一點，便放下碗筷。吃完飯，運彈藥的軍車來了，就忙著卸車，扛砲彈，從公路上扛來放在彈藥庫裡。兩人抬一箱，後來一人扛一箱。一箱有兩發砲彈，一百七八十斤。火藥箱一箱四顆，也很重。

第二天，八月二十四日，二砲被打中，也不知是打的燃燒彈，還是藥包燒起來，當場就燒死六個砲兵，很慘！我和洪朝瑜被叫去支援二砲，實際上是叫我們去抬屍體。我們把烈士的遺體一個個放在壕溝旁，等擔架隊來抬走。後來這六個烈士都安葬在金井烈士墓園。

自八二三以後，我們一直蹲在陣地上，足足半個多月。半個月沒洗澡，沒換衣服。天很熱，晚上蚊子很多，也顧不得蚊子叮，一躺下來就睡，畢竟太累太困（睏）。那陣子幾乎天天打砲，不打的時候，我們就和部隊一起築工事。開頭砲位露天，後來載來鐵軌、杉木，用杉木、鐵軌作支架，在鐵軌上面疊放沙包，蓋上偽裝網，構成個堅固的掩蔽體。到一九五九年才改建成鋼筋水泥的永久性工事，但打起砲來震動聲音很大。

打從砲戰開始，我先後立過二次二等功，三次三等功。一九六〇年還上北京，出席全國民兵代表大會，見到了毛主席。會議期間，海軍司令員蕭勁光大將還接見了我。因為我是圍頭民兵代表！蕭司令員表揚我很勇敢，還親自削一粒山東梨給我吃。那梨子很好吃，……我一輩子就吃一次這麼好吃的山東梨……

我這一輩子一直待在圍頭。我完全有機會去參軍，去當脫產幹部，可我都沒有離開圍頭。有時是組織上不讓我出去，也有的是我自己不願離開的。社教時，調我去小嶝當工作隊，……社教結束以後，很多「社教兵」都當幹部吃「皇糧」去了，我還是回圍頭來。種地，討海，當民兵，固守家園，固守海防。我一生清清楚楚，不貪不取，所以五十年來一直有名。去年（二〇〇七），紀念建軍八十週年，作為福建省唯一的民兵代表，我又去北京出席全軍英模代表大會，受到胡錦濤主席等國家領導人的接見。[1]

洪建財圍頭第一勇，第一個嫁女兒到金門

洪建財，他在八二三砲戰時的英勇表現，爲他贏得「戰地小老虎」的美譽。從上文來觀察，洪建財是一個兩岸對抗的樣板人物，建立了民兵英雄的形像，受到歷代中共領導人的表彰。

1 圍頭『八二三』砲戰紀事，洪群等著，二〇一三年十一月政協晉江市委員會編。

但是他只能留在圍頭村，每天種地，討海，當民兵，他訓練出的「子弟兵」，有人吃了「皇糧」，而他只能留在家鄉過苦日子。中共並沒有實質照顧這樣的英雄人物，他只是沒有挑明著講。即使吃味，但是又何奈？

兩岸對抗鬆綁之後，整個氣氛隨之改觀，「一九七九年，全國人大常委會發表了《告臺灣同胞

「戰地小老虎」洪建財雙肩扛兩彈健步如飛，當年多英勇，然而他作夢都想不到，有一天會把女兒嫁到金門。圖右為圍頭村長洪太平。

書》，宣告結束軍事對抗，代之以和平對話的方式解決兩岸的統一問題。長期處在軍事對抗前沿的圍頭，率先感受到和平的氣息，更加珍惜和平帶來的機遇，圍頭人發揚愛拚敢搏的精神，率先和金門鄉親展開海上小額貿易，民間往來日益密切。」[2]

到了一九九〇年代金門與大陸海上小額貿易更加熱絡。這時臺灣是亞洲四小龍的龍頭，所謂「臺灣錢淹腳目」，而大陸的改革開放還沒見到顯著的成果，金門人挾著經濟優勢，不時到圍頭作生意。這是金門人的風光年代，因此開啓兩岸聯姻的門戶，成為劃時代的佳話。

洪建財坐在圍頭的月亮灣，一邊抽著香菸，一邊低著頭沉思：「到底要不要把女兒嫁到金門去？」八二三砲戰，他雙肩各扛著一顆砲彈，健步如飛，自己都不知道那來的氣力？他心中充滿疑慮：「兩岸假如再發生戰爭怎麼辦？」

他抬起頭遙望對岸的金門一海之隔只有五點二公里，可是這五點二公里曾經仇恨似海深，他打過八二三砲戰，自然了然於胸。他心想：「以後假如見不到女兒怎麼辦？」他想來想去都想破頭了，憂思如結，他的英雄行徑現在反噬他的心。他昔日越英勇，心中就越感痛苦。（洪建財訪談時間：二〇一四年八月二十八日，訪談地點：大陸圍頭）

洪建財當斷則斷，「而率先和臺灣架起鵲橋的，竟是當年的『砲戰小老虎』、如今年近七旬的洪建財一家。上世紀九〇年代，隨著兩岸經貿的日益密切，來圍頭做生意的金門青年陳應超愛上了洪建財漂亮的女兒洪雙飛。不久，洪雙飛成了村裡第一位『遠嫁』金門的新娘。至今，已經有一三〇名圍頭女成

---

2 晉江圍頭：「海峽第一村」今昔巨變，華夏經緯網二〇一〇年三月三十日。

為臺灣、金門、澎湖人家的媳婦。」[3]

大家看到圍頭第一勇這樣的標竿人物，第一個把女兒嫁到金門了，因此有樣學樣，蔚然成風。洪建財的掌上明珠洪雙飛，首先突破了兩岸的政治樊籬，這位大陸新娘、金門媳婦，效燕燕于飛，在千年歷史名村的陽翟，娓娓細述「兩岸和親」的心路歷程，歷史是人民寫的：

九〇年代小額貿易，搭起兩岸鵲橋

洪雙飛，一九七六年生，今年三十九歲，嫁到金門二十一年了，她說一九九三年年頭結婚，年底就生了小孩，兒子已經二十一歲了。

她說老公陳應超，遠祖是南安人。訪問的過程，雙飛的婆婆也來了，她說公公五歲就住到陽翟，婆家與娘家都是大陸種，母親從大陸來就住沙美，因此她在沙美出生。

雙飛說當時應超辦了漁民證，從金門搭了漁船過去尋根，經朋友紹介與姊夫結識，跟姊夫的朋友都變成好朋友，台澎與金門漁船過去買魚回來販售，常常結伴去飲酒高歌。

那時圍頭有三四十家卡拉OK，應超一到圍頭常去姊夫家，不論去玩或者去唱歌，她常跟去。雙飛說跟應超蠻聊得來的，因此滋生了愛苗。他們隔著一個海峽談戀愛，有時應超打電話說要過來，洪建財趕緊讓女兒生火做飯，可往往人已經到了，這邊的飯還沒煮熟。

李問：妳當時對金門印象如何？

洪答：還好，彼此交往很投緣，年輕時不會想那麼多。

3 仝註二一。

問：嫁到金門，會不會感到害怕？

答：不會，結婚後留在大陸四年，住在圍頭娘家，婆婆也常過去。這時老公到寧波做石材生意，開工廠，到長子六歲了，要唸小學才回金門。

問：妳嫁到金門，父親會不會很掙扎？

答：很掙扎。父親不太贊成，沒明白表示意見，說得很婉轉，他當然不希望，擔心兩岸以後又打仗怎麼辦？要回去大陸，還是留在金門，老人家想得比較多。年輕人沒經過戰爭，比較不會驚怕，父親八二三砲戰立過功，是有名望的人，要把女兒嫁到金門，父親說看妳們年輕人怎麼樣？妳自己考慮啦！沒說不答應，蠻民主的（說時笑得很開懷）。

問：一九九〇年代，圍頭應該沒什麼發展吧！

答：還沒有，很少。不過圍頭比別的地方還早發展，圍頭與廣東有私貨交易，海上小額貿易是後來才發展的。

問：妳家那時的經濟狀況怎麼樣？

答：不錯。爸爸實做，那時還沒退休，媽媽跟舅舅開成衣工廠，生活比較固定；老一輩的人節儉，存了一些錢。

問：妳剛到金門還習慣嗎？

答：還好，來兩三個月就回去，辦好證件再過來，從港澳繞了一大圈，等到兩岸開放小三通，可以從金門搭船回去，就方便多了。

問：妳到金門，金門的風俗習慣能適應嗎？

答：金門跟我們圍頭比較相似，拜拜很多。

問：妳們也有拜拜？

洪雙飛在金門陽翟受訪，她說以前父親砲打金門，所以叫他女兒來還債。

答：有。農曆七月半跟金門一樣要拜拜。閩北拜的少，閩南比較多，尤其圍頭靠海吃飯，每月初一、十五要到海邊拜拜。

問：妳們經過文革，這些沒破壞掉？

答：沒有。以前破壞掉，後來又恢復。

問：所以妳到金門比較能適應？

答：哼！哼！哼！婆婆比較懂這些，都由她準備，有時她也會提點，要我把東西準備好。

問：剛來會想家嗎？

答：雖然可常回去，打電話又方便，不過還是會。起初三個月或半年回去一趟，來了八年領居留證，在金門住滿一年半再回去，待得比較久，不像以前待一兩個月就得回去。

問：現在方便多了？

答：是！是！是！媽媽有時一年

來一兩次，爸媽平常都在香港。

問：爲什麼都在香港？

答：我兩個妹妹嫁到香港。

問：現在很方便很自由喔？

答：哼！哼！哼！我只有一個弟弟，他常陪弟媳回娘家，家裡只剩兩老，所以爸媽常到香港探親，待三個月再回大陸，有時到金門待個幾天再回去。

當年爸爸砲打金門，現叫女兒來還債

問：妳爸爸常不常來？

答：差不多。跟母親同進同出，金門待不久，主要是沒有伴。

問：妳來這邊生活能適應嗎？陽翟是鄉下，會不會……

答：來久了就習慣了。我們圍頭也差不多，都是鄉下，街坊鄰居都不錯，這裡也一樣。

問：你感覺金門鄉下怎麼樣？

答：金門比較親切，鄰里都相識，相招去散步，感覺蠻好的。

問：妳當初沒想到會嫁到金門吧！

答：應該沒有想到。（哈哈大笑）當年很多臺灣漁民到大陸買魚，有人問：妳爸爸爲什麼把妳嫁到金門？我說：以前我爸爸砲打金門，所以現在叫他女兒來還債。

問：金門人對妳怎麼樣？

答：不錯喔！反正習慣了，大家都認識。可能剛開始，人家會說大陸嫁過來的，過來看看有沒有不一樣，比較好奇，沒有敵意。

問：妳有沒有擔心兩岸會再打仗？

答：不會。再打仗，苦的也是小老百姓。

（洪雙飛訪談時間：二〇一四年九月十一日，訪談地點：金門陽翟村）

圍頭村位於閩東南海濱的晉江市金井鎮圍頭半島的最南端，人口四千多人，跟金門一樣是一個僑鄉。八二三砲戰，圍頭的火砲鎖住了料羅灣的運補船隻，所以國軍的重砲東移，對圍頭進行精準打擊。圍頭是一個小漁村，面積不到三平方公里，國軍反擊砲彈一共才十二多萬發，圍頭是彈丸之地，就獨中五萬多發，幾乎把土地翻了兩翻。圍頭的八二三身分，現在以「海峽第一村」聞名於世。村長洪太平到金門交流，從金門吸起發展觀光的靈感，回去之後大力發展戰地觀光旅遊，做得有聲有色。

圍頭村現以「海峽第一村」的姿態，打響戰地觀光的名號；中國大陸擅於創造各種名號，這種名號簡單易記，宣傳久了，就深入人心。其次，圍頭保留了許多砲損的房子，故意不整修，讓遊客了解當時砲戰的慘烈。金門現在看不到一間砲損的房子，然而釁自彼開，深入兩岸觀光的人看到這種樣子，不禁要問：「到底誰是受害者？」

然而小小的一個圍頭村，一個圍頭村長，一手擘劃戰地觀光旅遊，居然聲勢駸駸然凌駕別地之上，豈不怪哉。洪雙飛說村長洪太平是她父親的學生，受到父親的提攜。圍頭從二〇一〇年伊始，每年舉辦「返親節」，號召嫁到台澎金門的女兒回娘家。洪雙飛說：「大陸那麼多地方，只有圍頭每年舉辦。」

（洪太平訪談時間：二〇一四年八月二十八日，訪談地點：大陸圍頭）

15 獨臂婆婆養育七子女，大陸媳婦來救贖

八二三砲戰，改變了許多人的命運。戰爭受苦的，其實都是無辜的小老百姓，獨臂郎君許燕，走過了坎坷的人生歲月；另一個獨臂婆婆洪水棉，同樣受到砲火的摧殘，傷心慘痛，能向誰言？

洪水棉，烈嶼西方村人，共軍砲火猛錘金門幾十天，只記得那天砲火暫歇，老公上山幹活，公公上山撿柴火，小姑在家作家事，她成親還不到一年，就趁隙到井邊洗衣服。

突然中彈暈死過去，醒來右臂只剩一層皮

不知洗了多久，突然共軍一發砲彈凌空而至，只聽到驚聲一爆，三個一同洗衣的婦人，一個當場慘死，肚破腸流；另一個毫髮未傷，躲過一劫，而她右臂中彈，立時感到痛入骨髓，就暈死在井邊。她說不知躺死多久，血都流乾了，醒來之後一手扶著斷臂，只剩連著一層皮走回家。民防隊員見狀，趕緊把她送往后頭野戰軍醫院，然而醫生無法處理，她忍著椎心的痛楚，不能吃，哭泣，煩惱，當晚十點多，軍方用船把她送到大金門五十三醫院。她說又暈死過去。

醫生動了手術，把右臂幾乎齊肩切掉，跟許燕一樣。住院住了幾個月，幸好保住肚中的胎兒。她說

洪水棉在家中的客廳，回憶中砲彈暈死過去醒來，整個人生就改變了。

住到快過農曆年了，傷口發炎流了膿水，沒人可以照顧她，整個人瘦巴巴的只剩一層皮，沒有氣力，又轉回后頭軍醫院，前後治療了五個月。

她說住院期間又得了破傷風，破傷風是什麼？她說沒讀過書根本搞不清楚，軍醫院的護士，她說都是男的，幫忙打了疫苗，告訴她說：「這種狀況一百個救活不了一個。」

洪水棉是童養媳，六歲時養母就過世了，捱到了二十歲成親。她說家中赤貧，吃了中餐，不知晚餐在那裡？現在她又身受重傷，只剩下一隻左臂，丈夫每天早出晚歸，耕種那幾口薄田，她連幫忙的能力都沒有了，使家中的境況更加慘淡。

洪水棉從此過著獨臂人生，她要怎麼在貧困的農家生活求生，以及怎麼拉拔七個孩子長大成人呢？她說別人的幫忙都是暫時性的，而且短暫

洪水棉在家示範洗衣服的動作，她不僅洗一家子的衣服，後來還幫忙洗軍衣貼補家用。

的，她每天有忙不完的家事，洗衣煮飯，逢年過節燒香拜拜，她要自力更生。因此，她練就了一身獨臂功夫。

那時的戰地烈嶼，偏鄉西方村，沒有自來水，沒有電燈，更沒有瓦斯爐，她要克服洗衣與煮飯的難題，困難恐怕難以想見。然而，洪水棉爲母則強，扮起獨臂神力女超人，把一個家撐了起來。

她說「跌落子女坑」，那時不懂節育，孩子　個接一個生，她既沒有婆婆可幫忙照顧，又只剩一隻左手，養育兒女的事，公公又不懂，丈夫鎮日上山耕作，而小姑不理會她。因此，孩子哭鬧、換尿布，沒有人手幫忙，她有時手忙腳亂，自嘆命苦，滿腹的辛酸與委屈，眼淚只有往肚裡吞。

她在西方村的家裡，坐在沙發上，回想她的斷臂人生，怎麼料理一家的大小事的呢？她說自己揹小孩自己餵奶，把屎把尿換尿布，她說那時沒尿布，都是用褲腳去剪的。換尿布時把孩子平放，用膝蓋頂住孩子的腿，然後左手取出尿布，換上新的。儘管如此，孩子她都打理得很乾淨。

一家大大小小的衣服，她都得洗，又不像現在有自來水，一開水龍頭水就來了，她要抱著一大盆的衣服到井邊，用水桶打水來洗。然而她只有獨臂，左手又不給力，一桶水怎麼打上來呢？俗話說窮則變，變則通，她左手汲水，把井繩往井欄一汲一靠，用腳把繩子壓住，再用左手拉上一截，往井欄一壓，用腳踩住，就這樣的把一桶水打上來。

汲水洗衣削地瓜，獨臂媽媽克服艱難

可是她只有一隻手，怎能洗滌衣服呢？洪水棉說一腳踩住衣服，抹上肥皂，左手拿起衣服來回的搓，搓乾淨之後再打水來蕩，洗衣要不停的蕩，耗水量很多，滌蕩與打水成為最艱難的功課。洗好要擰乾，她就用腳踩住，以左手來擰乾，一家人公公、丈夫以及七個小孩的衣服，都要她洗，洗了半天回家，還有家事等著，小孩要哺育，飯要靠她來煮，豈能閒著？

金門人那時三餐都吃地瓜，這是她示範如何削地瓜的動作。

她不時感嘆說，沒有婆婆是致命傷，沒人可以分憂解勞，什麼事都要她一肩擔著。回到家中要煮飯，金門燒的是老虎灶，都燒茅草，必須有一個人坐在灶口，時時送火。她說孩子幼小，她一個人要顧鼎（釜）上，也要顧鼎下，常常忙得不可開交，如果小孩再有狀況，她怎麼分得開身？洪水棉說：「還好七個孩子都乖巧古錐（可愛），不吵架，也很少生病。」她說：「天公疼戇人。」

金門拜拜特別多，逢年過節更不必說，一個獨臂的婦人，要煮菜炒菜來祭拜神明與祖先，釜上淋著油煮熱等著下鍋，然後要顧著灶火不讓熄滅，準備把菜倒下去炒，她背上揹著孩子，左手輕拍孩子的屁股，要孩子乖，不要哭鬧，讓她把菜炒熟。

次子洪金明，一九六五年出生，自他有記憶開始，就看著媽媽每天揹著弟妹，忙著做家事，煮三餐。那時很少有米飯可吃，三餐都吃地瓜，然而吃地瓜要削皮，洪金明說母親一腳踩住地瓜，左手拿刨子刨。她說媽媽還會單腳踩著剝海蚵，而且剝得很快。洪水棉說：「一天可以剝三斤。」

除了家事，洪水棉說她還要上山幫忙種玉米種高粱。她說那時種的高粱稱爲北掃，稈莖長得超過一個人高，她獨臂要高舉著手割高粱，常累得半死。那時高粱換米，一斤高粱換一斤米，爲了吃米飯，再辛苦也得忍著。她說有時要幫忙拔菜、撿地瓜，回家要養豬、煮飯、顧小孩，忙的像陀螺。

洪家家中貧困，孩子眾多，光靠種田養豬養不起一家十口，還好那時金門駐守十萬大軍，而烈嶼就駐了一個重裝師，約有一萬多人，這時兩岸對抗，時局仍然緊張，軍隊出操之外，還要構工，諸如鑿山洞、建橋樑、挖湖泊。洪水棉等到孩子稍長，可以互相照顧的時候，她就要挑擔到工地賣給阿兵哥，有時賣糖果、餅乾，有時賣海蚵煎、海蚵麵線與綠豆湯，賺一點微薄的收入貼補家用。

等到長女十六歲時開始接洗軍衣，洗到二十歲出嫁，她獨臂接著洗，洗一套二十元，一天可以洗七、八套；洗被單，一件五元，洗到後來逐漸撤軍沒有兵，洗到現在手臂失力抬不起來。講到以前的事，洪水棉說：「眼淚都要流出來，沒有長輩照顧，實在很辛苦。」

傳奇獨臂婆婆，大陸媳婦來救贖

洪水棉一路走來家貧、民困、烽火、傷害與國難，兩岸的血腥鬥爭、仇恨廝殺，卻落難在無辜的老百姓身上，由她們一輩子的辛苦承受。獨臂郎君許燕，如果沒有「愛情聖女」杜淑貞，他的人生會是怎樣的一個光景？

而蟄居在鄉間的洪水棉，被時代的對抗所綁架了，她以斷臂作為上天不仁、兩岸鬥爭的祭禮，她人生所承受的災苦，較諸許燕有過之而無不及。許燕以獨臂闖蕩天下，洪水棉以獨臂生兒育女，完成了一個女人的天命，她所吃的苦，所忍的痛，所受的罪，到底要由誰來救贖。

蒼天有眼，由大陸媳婦來救贖。

周細妹，福州人，嫁到了西方村的洪家，這是上天有意的安排，要她來照顧獨臂婆婆晚年的生活，惠心巧手織起一幅兩岸的天倫夢圖，讓後人審視到底應該戰爭抑或應該和平？

福州姑娘周細妹與洪金明交往之時，就常聽說洪母以獨臂撫養七個孩子長大，她既敬佩又感動，但也很好奇，進門之前她心心念念，想看看這位偉大母親的廬山眞面目。

一九九七年，她與洪金明喜結連理，翌年到了金門，這時金門解嚴與脫離戰地政務體制才六年，她踏上了這個曾經遭受猛烈砲火摧殘的土地，見到了傳奇中的獨臂婆婆，聽她訴說兩岸的交鋒、戰爭的故事，彼此以心交心，從兩岸情進而構建了兩代情。

這位榕城姑娘一到烈嶼，首先映入眼簾的是防空洞，左一個防空洞，右一個防空洞；而她對於烈嶼的感受：「怎麼這麼落後？村落暗夜沒有燈光，冷冷清清。」她可能有點大失所望，跟她所理解的臺灣有落差。她相當於臺灣五專畢業的程度，對臺灣只有小二讀過日月潭與阿里山，而金門遠在她的記憶之外。

然而，她今天成為金門媳婦，要在這兒生兒育女，為兩岸的鬥爭還子孫債。她要適應金門的民情、烈嶼的生活，當年華老去，當兒女長大成人，當時代向前遞嬗，這一個昔日的戰地已脫胎換骨，有一天後人要傳述大陸新娘、金門媳婦的故事，以及她與獨臂婆婆相知相愛的日子。

洪水棉說，她把媳婦當女兒看待。洪水棉將心比心，知道自己早年沒有長輩照顧的辛苦；另外，她設身處地為媳婦設想，娘家遠在福州，縱使有什麼委屈也不便回去說。因此，她加意的疼惜與照顧。

周細妹說，婆婆待她很好，比自己的親娘待她還好。這是一個善的循環，聖經說：「愛是永不止息。」所以細妹把婆婆當娘親對待，因此相處和樂，成為兩岸成功婚姻的典範。

將缺憾還諸時代，對媳婦加意疼惜

洪水棉沒有怨天沒有尤人，她的寬和，她的慈愛，成為一家幸福的元素，她雖然沒有讀過什麼書，不過她所展現的風範，已經比那些熟讀聖經賢傳的人還要好。她走過艱難困窘、有一餐沒一餐的歲月，度過肢體橫遭摧殘、血淋淋的日子，走過單打雙不打、一聽砲聲就全身發抖與癱軟的日子，心中沒有不滿，沒有怨

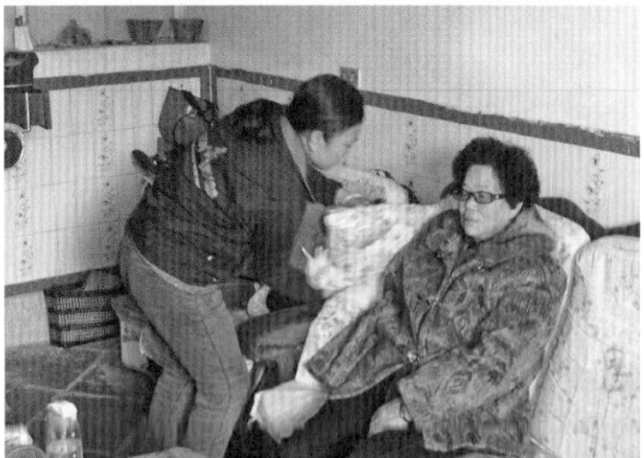

福州姑娘周細妹嫁到烈嶼之後，每日照顧這位傳奇的獨臂婆婆，婆媳互諒互重，成就了兩岸美滿姻緣，這是一家和樂的照片。

懟，仍然以平常心過生活，對於遠來的媳婦，以愛來彌補時代給她的缺憾。

周細妹剛來金門，當時兩岸還沒有小三通，每半年要回去簽證一次。她說那一段日子最艱苦，適應最為困難，她從烈嶼搭船到大金門，再坐飛機到臺灣，取道澳門搭機回福州，一路折騰，先生一個月的薪水，不夠她回家一趟。

每次回去，孩子都留給婆婆帶，婆婆會揹而她並不會，婆婆單臂可以照顧七個小孩，而她雙手雙腳卻照顧不了一個孩子，因此相形見絀，不時感受壓力很大。她定居烈嶼已超過十年，領有國民身分證，有了公民權，享受金門的福利。她見證了金門的建設、金門的進步與金門的變化。

周細妹已融入烈嶼，每天去工作，婆婆就幫她帶小孩，回來時飯菜已煮好了，不用再張羅，洪水棉吃過家中沒長輩的苦，因此推己及人，使這個家充滿和樂的氣氛。（周細妹訪談時間：二〇一〇年一月十三日　訪談地點：烈嶼西方村）

洪水棉說丈夫於二〇〇〇年往生，她說三男四女都很孝順，那個八二三砲戰幾死腹中的老大，現住在臺灣，只有老二洪金明與兒媳周細妹跟她住在一起。回想當年砲傷失血過多，連地瓜都吃不飽，那有餘力可以進補呢？然而孩子一個個長大，都貼心懂事，讓她的苦沒有白受，讓她這輩子沒有白活。

周細妹說，婆婆常說好像有仙佛在幫她。

洪水棉領有榮民年金與殘障津貼，每天含飴弄孫，享受天倫之樂，回想過往苦難的歲月，而今擁抱兒孫繞膝的日子，幾十年間見證兩岸的變化，所謂恩怨情仇，都化作過眼雲煙。她的內心只有愛與包容。（洪水棉訪談時間：二〇一〇年一月十三日　訪談地點：烈嶼西方村）

16

林德祿，一個六十年沒有退伍的戰士！

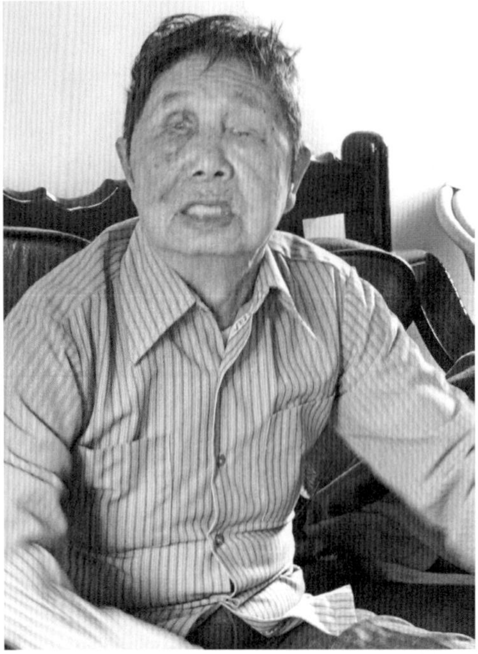

林德祿到金門服常備兵役，受到砲傷雙眼全盲，讓他的人生從彩色的變成暗然無光，改變了他一生的命運。

八二三砲戰，對於林德祿來說，是一輩子無法負荷的重擔；而金門這個彈丸之地，戰爭之島，他只在這兒待了不到一年，卻成爲他一輩子無法揮走的夢魘。

林德祿，嘉義縣梅山鄉雙溪村人，二十五歲入伍，改變了他一生的命運。

一九五六年十二月十六日，他到大林第二中心受新兵訓，四個月之後下部隊，隸屬於四十一師一二三團第一營第二連六〇砲砲二班，駐守在鳳山，要服兩年常備兵役。

他在臺灣約一年的時間，而於

一九五八年四月調防到了金門前線，駐守在陳坑村（已改為成功村）附近。陳坑的丁字路口指揮崗亭，白天由憲兵部隊戍衛，指揮交通，入夜則由步兵把守，晚上十時之後全島實施宵禁，就要管制交通。林德祿去值勤，下崗就睡在指揮亭底的掩蔽洞裡。

這時金門的局勢日漸緊張，已有山雨欲來風滿樓之勢。八二三當天傍晚六時三十分，他說已用過晚餐，到坑溝裡去洗澡，突然間聽到砲擊聲。有人說砲戰爆發了。他趕忙穿好衣服跑回連上，排長已著好戰鬥服裝，急喊：「打砲了！打砲了！」他也急忙武裝進入陣地備戰。

砲傷眼珠子滾出來，雙眼從此全盲

連長下命令：各人的崗位要守好，提防共軍蠢動。

無情的砲火打了幾十天，林德祿於九月底或十月初，移駐到古崗守海防，六〇砲是近海防衛，防止共軍登陸。中共國防部長彭德懷宣布從十月六日起停火一周，嗣後又宣布單打雙不打之後，整個戰事已經緩和了下來，大家都鬆了一口氣，但中共似乎心有未甘，不願就此罷手，仍三不五時對金門砲擊。

十一月十一日早上九點多正在修理砲陣地，排長符國芳站立在上頭指揮，林德祿在底下的砲位工作，忽然間一發砲彈打過來。他說只聽到咻……的一聲，排長腿被炸斷了，當場慘死。林德祿昏死過去，醒來之時雙眼已經看不見，整個世界從此改變了，整個人生也改觀了。

砲彈爆炸之後，林德祿倒臥在沙塵與血泊之中，滿身鮮血淋漓，硝沙激射深入肌理，臉龐、眼睛、手臂與胸膛，整個潰爛掉了，像一個血人兒一樣。

林德祿氣若游絲，已在鬼門關前徘徊，部隊先把他送到衛生連搶救，駕駛看見他的兩顆眼珠子滾了出來，就把它塞了回去；嗣後再送往尚義五十三醫院，隔天後送到台北市廣州街陸軍第一總院（現址為和平醫院）。

林德祿陷入重度昏迷。

他說起初還不知道傷勢這麼嚴重，住院四個月之後，再轉往桃園五十二醫院就養，這時才慢慢清醒過來，發現他的雙眼已全盲了，左耳也震聾了，他無法接受這個殘酷的事實，心情跌入了谷底，每日在無助與無望中渡過，想不怨憤也難。

他的璀璨人生已經毀了，無語問蒼天，從此走上一條黑暗、深不見底的甬道，不知何時是盡頭？

林德祿（右）受訪，娓娓道出他服役受砲傷的經過，幾十年的傷心苦痛，只有自己往肚裡吞。

林德祿一九三二年生，三歲時母親就過世了，父親再娶；十四歲時父親又往生了，翌年繼母改嫁。他孤苦伶仃、孑然一身，就由叔叔撫養長大，他說幫忙耕種換飯吃，直到入營服役。他是常備兵，四十五梯次，這時他已經結婚，有一個女兒八個月大了。

他受傷時，同袍代爲寫信回家。妻子林陳香到了桃園五十二醫院去看他，她說一下子愣住了：「怎麼傷得這麼嚴重？」妻子只見林德祿臉龐、眼睛、手臂與胸口，全部潰爛黑烏烏一片，硝沙深嵌在皮膚裡頭，三分像人，七分像鬼，眞是我見猶憐了。

妻子在醫院裡照顧了他一年。一個貧困的家庭，遭逢人世的劇變，孩子幼小，丈夫重傷，林陳香咬著牙，一面照顧她，一面想如何突破人生的網羅，找到生命的出口。她跟林德祿說想搬出來自己住，脫離寄人籬下的日子。

一九五九年九月，林德祿轉到台北盲人重建醫院上課、點字讀書與養雞。養雞養了一年，他又回到桃園五十二醫院療養。

一個受傷的戰士，只靠聽收音機打發時間，與撫慰受傷的心靈。那天有人來醫院勞軍，他既看不見，又行動不便，因此就閒倚著牆壁聽收音機。督導官過來，突然把他收音機的線扯掉，他無名火起，順勢推了他一把。隔天，院長就找了德祿去，跟他懇談。

院長的意思，希望他請長假，一次返家靜養三個月。

德祿說：「返家可以，但是我無法工作，無法生活。」

院長說：「你回去，伙食費按月寄到你家。」

德祿說：「假如是這樣，可以。」

妻子就來帶他返家，從梅山的山上，千里迢迢的到桃園，帶著一個盲眼的丈夫，從此要摸索著人生的道路，那是一條崎嶇與艱辛的人生道路。

這時妻子已搬出來自己住了，跟人家在山坳租賃了一間竹棚的房子。夫妻兩人與女兒，一家三口在此棲身。這時沒有水，要去挑溪水喝；沒有電，只能點一盞煤油燈。

妻子沒有哀怨，說碰到了就承擔

林家在叢林環抱之中，舉目很少見得到鄰居。瘦小的林陳香，心中住著一個不屈的靈魂。她，沒有訴苦；她，沒有抱怨。她說：「碰到了，就承擔。」每天早上能看得到路就起床，上山耕作。

林德祿回家靜養，白天妻子上山，他就幫忙照顧小孩；他本來是家庭的樑柱，勞動的主力，然而他發現自己沒有用處，還拖累整個家庭，他無法面對自己。他的人生是黑暗的，因此，他的脾氣變得很不好。

剛開始每次一踢到東西，他就生氣，他覺得人生的不幸，都是因為他看不見。他要用暴怒來宣洩。妻子林陳香看在眼裡，忍在心底。她只有同情、包容與諒解。

無法跟他計較，也不能跟他生氣、惡言相向，她承擔了她的運命，負起養家活口的責任。她心裡只有一個想法，這個家不能倒了，她絕不能讓人看笑話，她要活給天看。

林德祿長假三個月期滿的前夕，院長又來信要他續請三個月。

夫妻兩人，此時寒夜孤燈，空山無語，只有相依為命，即使親戚朋友，幫忙照顧也是有限的，只有自立自強，自助人助。不過么兒林展賢說，小時候看到舅舅與外公外婆常來關懷、資助，讓他至今印象深刻。

請假六個月期滿，醫院的人事官約在嘉義火車站見面，妻子挽著林德祿前往，然後與人事官搭公車到雲林榮民之家掛籍，人仍留在家裡。他從雲林後來遷到高雄燕巢榮家，再從燕巢遷到嘉義榮服處。

約莫一九六〇年房東要把房子賣掉，妻子想買，但是沒有錢。德祿受傷時，金門防衛司令官送了一塊金牌五錢，就把它賣掉，再向人家借了一千元，才有現在的窩。德祿說這塊金牌應留作紀念的，但是逼到了。翌年碰到颱風，房子吹垮了，才重建成磚房。

林德祿的牽手林陳香剛從山上回來，這是她的生活寫真，她是這個家的頂樑柱與守護者，勞苦而功高。

德祿說：「太太有魄力。」

從一九五九年到一九六七年九年之間，德祿又生了三女二男，有一個是妻子挑水生的，一個是挑石頭生的。有了這些孩子，才給梅山林家重生的希望。林陳香今年八十五歲，默默的不多言語，她受訪時沒有張揚，只淡淡的看著過往的人生，好像一切都那麼普通與自然，不含一絲的苦況。

么兒展賢回憶他幼小的生活，一家八口擠在一棟矮房子裡，除了主臥之外，六個小蘿蔔頭分睡在兩間房裡，泥地潮溼，打著赤腳，一切看起來是那麼的寒傖。展賢說，有一次嘉義縣政府一位官員，外省人，下鄉巡查發現林家的狀況，主動撥款增建了偏房，至今令人感念。

林家食指浩繁，要誰來挑起這個重擔呢？梅山是一個山鄉，土地貧瘠，林家只有三塊田地，其中一塊又小又遠，不合經濟效益，後來就把它賣掉。眞正有生產力的只有兩塊田地，要養活一家八口。

林陳香從插秧、除草到割稻，都要自己來。起初孩子小，就帶到山上去，睡在搖籃裡，德祿就去幫忙拔田埂邊的雜草；後來孩子漸漸多了，他只有專門在家看孩子與煮飯。他說：「大的帶小的，小孩子都聽話、懂事，很乖，知道父親眼睛看不見，母親工作辛苦，不哭不鬧」。

妻子不離不棄，德祿找到人生真愛

德祿說：「我最大的損失，就是無法工作。」他無法爲妻子分憂解勞，他的暴躁脾氣慢慢的改了，想到妻子照顧這麼多小孩，又做牛做馬的工作，他覺得妻子不離不棄，太偉大了。

他受到感動：「我不能再自怨自艾了。」

林陳香每天披星戴月上山工作，稻子收成時人手不夠，要請人幫忙；後來買竹子來種，要三年之後才能收成，每天兩點鐘起來挖竹筍，點著「電火土」，在熒弱閃爍的燈光中割竹筍，要躲避毒蛇與蜈蚣的侵襲，然後挑著一擔一百三十斤的竹筍到梅山市集去賣，來回要走四公里。

林家眞正能生產的只有兩塊地，閒時林陳香就去幫人做短工貼補家用。林家一塊田地種稻，每年足夠自己吃之外，還有少量賸餘賣給農會。

展賢說有一年決定改種柑橘與鳳梨。等到鳳梨收成之時，突然由熱市變冷市，以前是商販到家收購，如今是求他上門都不屑看一眼了。這對林德祿打擊太大了，簡直是無法承受之重。

展賢說父親幾乎失去生存下去的勇氣，孩子每天守護著他，看得牢牢的，不能讓他尋短。滿園的鳳梨滯銷，賣不出去就會爛掉，展賢說讀國中時，每天騎著腳踏車，每次載約三十顆到市場去賣，不知賣了多久，終於化解了危機，讓他刻骨銘心。

德祿今年（二〇一七）八十六歲了，八二三砲戰的傷害跟著他一輩子，整整已經一甲子了。一個人可以試著眼盲一天過生活，看看會是怎樣的滋味？德祿要忍受六十年的黑暗煎熬。他說除了長女之外，

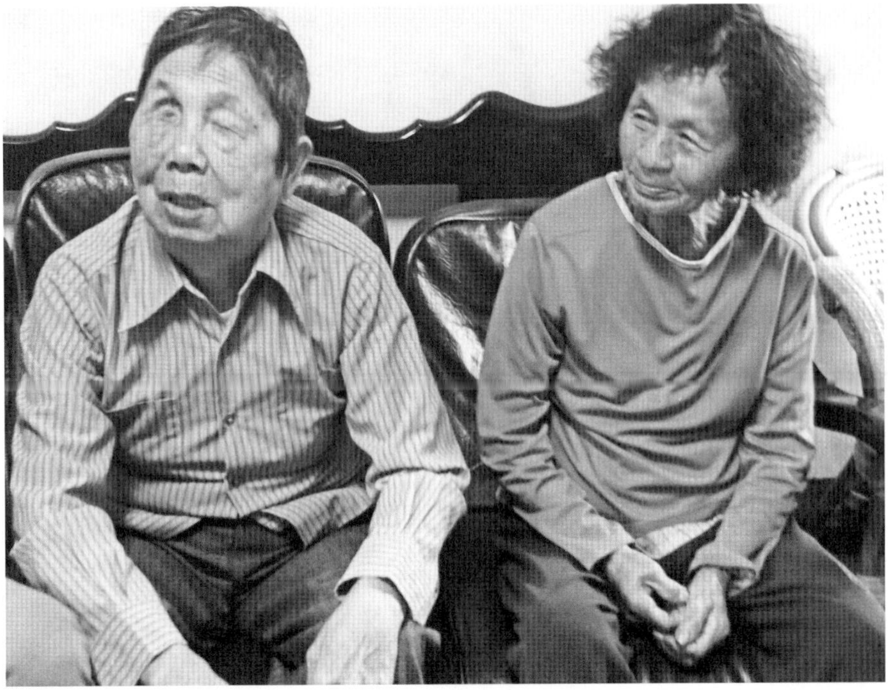

這一對患難夫妻不離不棄，寫下嘉義梅山鄉最經典的金玉盟。

其他的孩子長得怎麼樣？他都不知道。他只能摸摸他們的頭他們的臉，了解長得多高。

以前住在桃園五十二醫院，叔叔特地去看他，一見到他的傷勢，心中打定他活不成了。他透過人傳話給林陳香，請她改嫁，孩子由他來養。然而，林陳香不爲所動。

有人也七嘴八舌在旁煽動：「好手好腳的人妳不跟，去跟一個青瞑的。」唆使林陳香叛逃。當初兩人結爲連理是叔叔介紹的，完全是憑媒妁之言，沒有山盟，也沒有海誓，更沒有好萊塢電影情節裡證婚，牧師問新郎與新娘，此生不論貧富、健康與生病，誓不相背棄的經典畫面。

林德祿的叔叔，爲他找了一位賢內助，頂住風，頂住雨，讓他可以重新站立起來，生兒育女，開枝散葉。沒有林陳香，就沒有林德祿。因此，林德祿一再稱讚：「太太很勇敢！太太很勇敢！」她沒有搶攘，沒有求告，沒有怨天，沒有尤人，只是忠心耿耿的守護，實踐了作人的本份，如果說這是功德，她完成了此生最大的功德。

弱女子大丈夫，志節比梅花還芬芳

中國人喜歡以梅花歌詠一個人的志節，被譽為兩岸畫梅第一人的蔣青融，是林展賢國中的老師，堂屋中就掛了一幅蔣氏的畫作，遒勁的梅枝，錯落的題詠，好似散發出一種「疏影橫斜冷清淺」的幽香。一株梅花開在梅山，吐蕊芬芳，跟孤山林逋後先輝映：

和靖風流百世長，
吟魂依舊化幽芳；
已枯半樹風煙古，
才放一花天地香。

不肯面隨春冷暖，
只將影共月行藏；
懸知古法清如許，
傳得仙人服玉方。

（蔣青融引宋朝張道洽，字澤民的詠梅詩）

梅山林家要克服經濟的困窘，生活的艱難，也要忍受社會無知者的冷眼。展賢小時帶著父親出門，人家似乎在說：「怎麼帶一個青瞑的？」展賢說那時他會自卑，要忍受大人與小孩異樣的眼光與故意的捉弄。不論在山上或市區，父親的手搭在他肩上，父子兩人走在路上，就有大人或小孩子故意擋路，你走這一邊，他也走這一邊，你換另一邊走，他同樣過來給你擋住。這樣的行徑，或許他們覺得很好玩，卻已刺痛林家父子的心。

展賢說：「這是歧視。」在成長的過程中，這樣的陰影揮之不去，加以父親不善言詞，沒有社交，對小孩子出社會也形成一種先天不足的影響。

儘管鏤刻在生命年輪之中的那些記憶，悲辛交集，仍然沒有阻礙小孩子自立自強的勇氣，長女嫁作富農婦，樂在耕作；次女作過教師，綺年玉殞香消；三女是長庚醫院的督導，四女是北投公立獨立幼稚園的校長，長男是調查站副主任，次子是熱愛藝術的生意人。

這些開出朵朵生命之花，照亮了梅山林家的庭園，讓林德祿的傷殘，老年回憶起來沒有那麼痛，不會抱憾終身；讓林陳香辛苦一輩子，老來兒孫繞膝，感到安慰與自適，雖說辛苦卻也是值得的。

林德祿應是一九五八年十一月十六日服役期滿，還差一個月又四天就退伍，這樣的日子到現在一直沒有到來。他沒有退伍證，只有一張撫卹令，國防部部長高魁元一九七七年八月二十四日發給的：雙眼失明，列為作戰傷殘一等殘，一等兵超一級給卹。給卹年限是終身的。

嘉義榮服處至今每月發給他一萬四千二百元的伙食與被服費，林家小孩子自小讀書免學雜費，只要林德祿活著的一天，這個優遇繼續存在。

林德祿不斷強調：「沒有太太，我活不到今天。」林陳香為妻則忍，為母則強，雖然是一個小女子，她的達德卻是孟子所說的「貧賤不能移」的大丈夫。（林德祿林陳香訪談時間：二〇一七年三月六日　訪談地點：嘉義梅山）

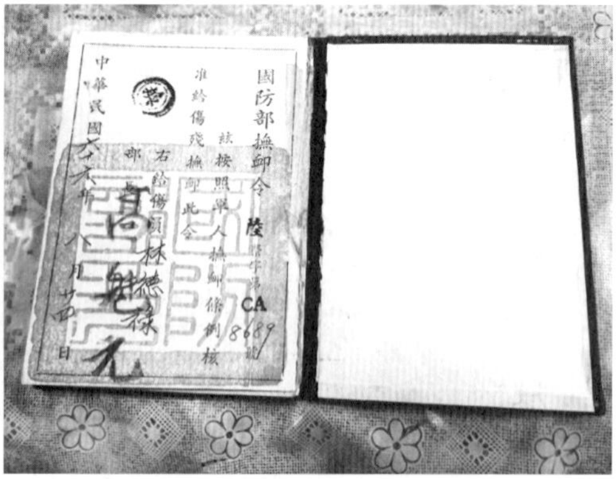

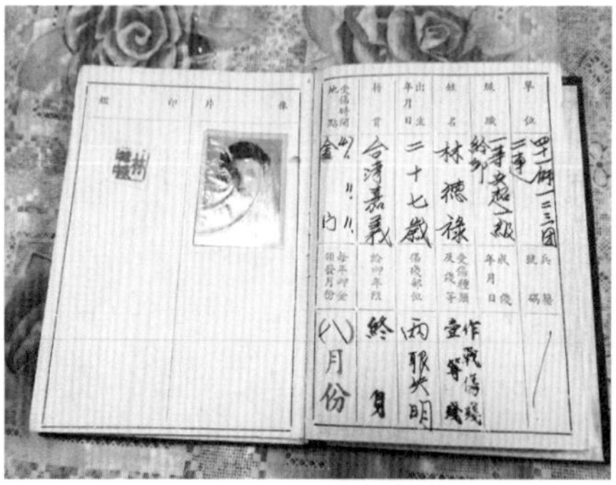

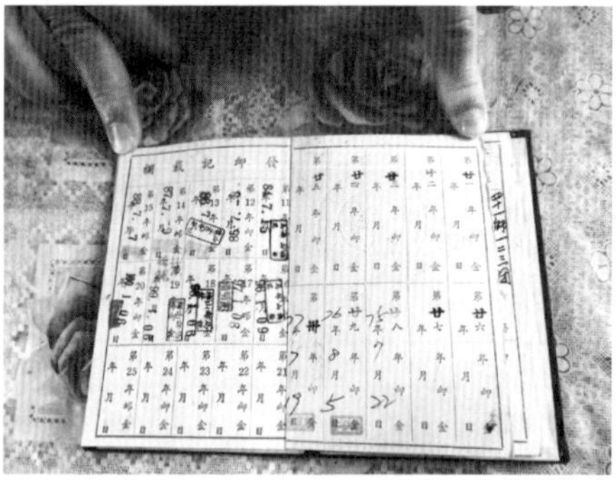

林德祿軍旅生涯停格在金門古崗，他是一位終身沒有退伍的台灣充員戰士。

17 八二三墳場，多少辛酸多少淚？

她原想忍著夫妻短暫的分離，可以換來日後長年的相守，沒想到換來的卻是一個骨灰罈。仍然是長相廝守，只是一個冰冷的骨灰罈與每年忌日的思念，與她一輩子的夢魂相依偎。

八二三砲戰，死神在召喚；死者已矣，生者何堪？它留給遺眷遺族無盡的傷痛，與綿綿不絕的思念。

他是臺灣充員兵，一九三一年一月十七日生，早兩年出生的人已入伍服役，因多受日本教育，國語聽不懂，個性又很倔強，與大陸撤退來台的老芋仔無法溝通，國防部對於續征與否，一直舉棋不定，然而兩岸關係緊張，兵員不足，最後還是選擇繼續徵兵，所以他入伍時已經二十七歲了。

一九五六年十二月中旬，他從台南縣白河老家出發，到隆田新兵訓練中心受訓四個月，結訓後休完了幾天探親假，一九五七年四月前後，他就馬不停蹄到金門前線服役了。一個農家子弟，日據時代讀完新營郡初級農校，在當時算是屬於鳳毛麟爪。因此，他是一位知識青年。

噩耗傳到家裡，有如青天霹靂

臺灣充員兵很多沒讀書，不識字；或是只懂日文，不懂漢文；或只懂閩南語，對北京話有如鴨子聽雷。他是知青，在中心的時候，就常幫同袍寫信回家，下了部隊之後，這些「充員兵仔」分成兩種：識字的與會講國語的，在軍常服的上衣口袋縫紅布包鈕釦，不識字與不會講國語的，就縫黑鈕釦。

充員兵是弱勢，各級長官多是老芋仔，軍令如山，兵威如虎，一有看不順眼，或聽不懂國語，常常會拳打腳踢，大家為了臺灣的父母妻小，難忍得忍，忍過一年十個月就海闊天空了。碰到了管教的問題，他會站在臺灣人的立場，出面為他們緩頰、求情，解決困難。

一九五八年八月二十三日砲戰爆發了，共軍沒日沒夜的砲擊，他是傳令兵，必須執行長官的命令，一點都不能打折扣。

長官一個命令下來，傳令兵就要負責去傳遞。老兵張之初與充員兵莊明陽都說，傳令兵是

曾德義留在金門照相館的照片英俊挺拔，親戚當兵看到之後才把他帶回去給家屬。（曾錦煌／提供）

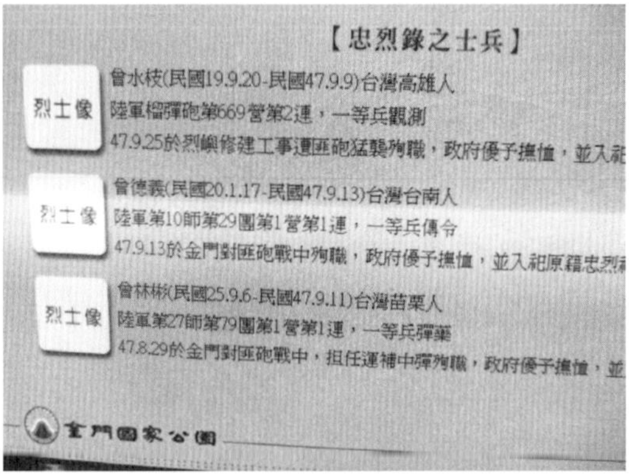

金門八二三戰史館留有曾德義烈士的資料，英年殉職，讓人長懷去思。（曾錦煌／提供）

幾種最危險的兵員之一，共軍的砲火如雨點，所以要與死神捉迷藏。

一九五八年九月十三日，他在金門前埔陣亡了，他是第十師第二十九團第一營第一連的一兵傳令，噩耗傳到家裡，有如青天霹靂。他的最後一封家書說退伍還有一個多月，比噩耗早到了幾天，妻子還在高興著呢！現在陣亡的死訊突然傳來，原來的興奮與期待，化作了妻子絕望與昏厥，以及日夜不停的淚水。

他，為國捐軀了，留下了高堂父母、寡妻及三個幼子：長子八歲，次子五歲，三子三歲，家貧子幼，嗷嗷待哺。妻子沒有時間悲傷，她要負起撫孤的重責大任。

當兵之前，他家已經析產了，所以現下她總是黎明即起，晚上十時左右才從農田收工，拖著一身疲憊的身心回家，午夜孤燈，空閨寂寞，對著三個不曉世事的稚子，空自垂淚。

一只骨灰罈，與她夢魂相依偎

她原想忍著夫妻短暫的分離，可以換來日後長年的相守，沒想到換來的卻是一個骨灰罈。是的，沒有錯，仍然是長相廝守，只是一個冰冷的骨灰罈與每年忌日的思念，與她一輩子的夢魂相依偎。

骨灰罈用黃布包裹著，外面再覆上一面國旗，由前線送回後方家屬的面前。入伍時他是有血有淚的青年，回來是一個混合著多重靈骨的骨灰罈了。砲戰不久，殯儀館的焚化爐中彈而被摧毀，陣亡官兵就以榮譽袋或雨衣包裹就地掩埋，砲火暫歇時再挖出來火化，幾十具遺體堆疊在木堆上，澆上了汽油，完成了他們在人世最後的入土儀式。

現在捧到面前的骨灰罈，是幾十個陣亡士兵集體火化再分裝的，我骨灰中有你，你骨灰中有我，然後寫上個別的姓名，送回給家屬祭拜，所以這些陣亡士兵的遺孤遺眷，拜著一種共同的記憶，共同的傷

金門八二三戰史館外的「哭牆」，張秀麗（右）與次子曾錦煌（左）幾十年後找到了丈夫、父親冰冷的名字，長聲一慟。（曾錦煌／提供）

痛，追悼混合式共同的祖先。

一九九二年，金門解除戰地政務之後開放觀光，這個她生命之中的傷心地，她一直想來而來不了的，如今催促她要去完成長年的心願：生，不能再相見；死，要親臨悼念。一九九八年，她終於來到金門看他了，這位她的深閨夢裡人，這位她爲他坐愁紅顏老，她來與他的靈魂重新找回生命的對接。

她懷著急切與忐忑的心情，先到太武山忠烈祠尋找丈夫的姓名，又到八二三戰史館外的「哭牆」，找到了先生的名字，淚水像潰堤的河，幾十年的朝思暮想，就在這裡相見了，當她不斷的撫摸著「曾德義」（身分證是得義，國防部傳寫錯誤，旌忠狀與忠烈祠都寫成德義）這三個字，好像又回到四十年前牽手的感覺。沒想到他們就這樣在金門重逢了，她在等他在耳鬢斯磨，等他輕輕的呼喚，再呼喚一聲「吾愛，張秀

張秀麗捧著一九五八年參加新營追悼會的照片，坐在眠床上追憶昔日與丈夫結婚的種種，眼淚往肚裡流。（曾錦煌／提供）

麗！」即使死了也甘心。

張秀麗，一九三一年生，嘉義水上鄉人，小學讀了三年日文，後來再補習漢文，一九五〇年與白河的曾得義結婚，夫妻一起過著日出而作、日落而息的農耕生活。曾得義是一個誠樸的農村青年，在中心受訓的時候，她因爲耕作忙，只去看過他兩次，每次也都是來去匆匆。

在下部隊之前，有幾天的探親假，曾得義曾回到了白河探望父母與妻兒；其後在高雄十三號碼頭等船的日子，他想溜回來又不敢回來，有一天橫了心搭車回來，本想在家裡過一夜再走，但又怕萬一耽誤了船期觸犯了軍法，這個兵就當不完了。

張秀麗怕他誤事，也一直催促他趕快走，反正人生長長的，以後要相廝相守的日子還久得很，何必爭此朝暮？然而，誰想到這一別竟成了永訣，再相見只是一只骨灰罈，再相見只是金門哭牆「曾德義」三個字，早知如此，即使會觸犯軍法，張秀麗一定也要把他留下來，即使一晚也好。

金門砲戰國軍陣亡(失蹤)官兵籍貫統計表 民國47.8.23---10.6					
大	山東省	41	台	台中縣	20
	江蘇省	23		台南縣	19
	廣東省	22		彰化縣	17
	四川省	21		南投縣	17
	江西省	18		台北縣	12
	浙江省	15		雲林縣	12
	湖北省	14	灣	屏東縣	12
陸	廣西省	14		高雄縣	10
	湖南省	14		桃園縣	10
	安徽省	14		花蓮縣	10
	河南省	12		基隆市	9
	青島市	9		嘉義縣	9
	河北省	9	縣	宜蘭縣	8
	福建省	8		台南市	7
省	貴州省	6		苗栗縣	7
	雲南省	5		新竹縣	6
	上海市	4		高雄市	6
	甘肅省	2	市	台北市	4
	南京市	1		台東縣	4
	陝西省	1		台中市	2
	綏遠省	1		澎湖縣	0
別	遼北省	1	別	陽明山管理局	0
	小計	255		小計	201
合計					456

資料來源:國防部

老兵與充員兵八二三砲戰期間陣亡與失蹤的國防部統計資料。（曾錦煌／提供）

二十年撫恤金，總共領三萬五千元

曾得義殉職，張秀麗乍聞之下天旋地轉，整個人已經塌下了，她捧著他的遺像到新營參加追悼會，她的精神陷入一種崩潰的邊緣，她是一個孤弱的女子，從此要把一個家庭的重擔撐起來，她，能靠誰呢？即使政府都不可靠，她還能靠誰呢？

曾得義殉職時只有二十九歲，國防部送來了八千元的撫恤金，以及臺灣社會各界捐獻給遺族的七千元，總共是一萬五千元。對於八二三的遺族遺眷，政府不知是沒有心？或是沒有力？在家屬喪失親人的傷痛之餘，沒有得到政府加意的關照，更增加了遺眷遺族的傷心。

曾家次子曾錦煌說，爲國捐軀的充員兵，政府每年發給八百元撫恤金，以後隨著軍公教調薪，撫恤金每年調到兩、三千元；每年三節的撫慰金，從八十元調到數百元。從一九五八年到一九七八年撫恤二十年年限屆滿，曾家總共領到撫恤金三萬五千元。

一九五八年八月二十三日到十月六日四十四天之中，經國防部統計臺灣充員兵殉國的，一共有二〇一位；然而政府對於遺族遺眷照顧太輕太薄太少，任令他們在生活邊緣掙扎，自生自滅。

隨著反攻大陸已經無望，政府爲了解決老芋仔戰士授田證的問題，八二三的遺族才分到了一杯羹，每人五十萬元；然而政府只是登報而沒有個別通知，許多人逾期了至今仍沒有領到。

喪失親人的傷痛，生活的困難，磨練了一個人的心志，這些骨灰罈中有共同親人的遺骨：你的祖先有我，我的祖先有你，他們要像兄弟姊妹一樣互相照顧與扶持，自立自強。

曾錦煌從小一路走來，他有切膚之痛，將心比心，對於同樣的遺眷與遺孤，他付出了關愛之心，爲他們寫出了辛酸的生命故事：

八二三遺眷悲歌，眼淚往肚裡流

莊乾定，一九三〇年生，台南縣六甲的農村子弟，一九五八年接到了兵單，入伍到官田新兵中心受訓，留下了二女一男及同齡而又大腹便便的妻子。

四個月之後莊乾定結訓返家，老四已經出生了，妻子莊林省哭訴著，她要帶四個孩子，又要種兩三分地的田，而你就這樣當兵去了，這日子要怎麼過啊？

莊乾定安慰妻子說，服役只有一年十個月，妳就忍耐一點，我很快可以回來團聚了。

莊林省強忍著淚水送別了丈夫。莊乾定一回到部隊，不旋踵就到了金門前線，剛好碰上了八二三砲戰。莊林省這一送別，誰料到是她們夫妻最後的一面，她跟其他八二三遺眷一樣，等到了一只骨灰罈以及幾十年的夢魂相守。

求香火保平安，怎奈神明不點頭

先是莊林省聽說金門發生砲戰，一九五八年的九月間，她抽空到烏山頭的赤山巖祈求香火爐丹，想寄給前線的丈夫保平安。同行的村婦一求就出現允杯，而只有她虔誠的求了幾次，都沒有獲得神明的應允，心想回去之後過幾天再來乞求吧！

一九五八年中秋節的前兩天，沒等她再次向神明跪求，她就接到了丈夫在金門前線陣亡的噩耗。這一年的中秋佳節，圓月已經缺了一角，家中籠罩著一片愁雲慘霧。莊林省看看年幼的四名孩子，看看滿田青翠的稻禾，她只是一個二十九歲的婦人，要怎麼渡過漫漫的人生呢？

莊乾定在家排行老二，因過繼給祖母而從其姓莊，本家的蔡姓兄弟同氣連枝，如今因爲姓氏的不同，對於他的陣亡不僅缺乏手足之情，婆婆還要把莊林省逼走，她一門孤寡只有去借住舅公的房子。

莊林省面對著渺茫不可知的未來，整日憂思愁苦，食不下嚥，甫出生三個月的次子取名國進，常吵著要吃奶，莊林省內外交煎，瘦得皮包骨像一根竹竿。丈夫留給她兩三分地，眼見要荒蕪了，莊林省不得不叫八歲的長女碧鳳休學，以照顧三歲的長子國興及五歲的次女碧瑕。

兩稚子都脫腸，雞啄的流血哇哇哭叫

然而屋漏偏逢連夜雨，國進與國興不知何故？常常脫腸。家中飼養的雞隻，看見小孩肛門外拖著大腸頭，就群起去啄食，啄得鮮血淋漓，啄的小孩子痛得哇哇哭叫，碧鳳就得趕緊把弟弟的大腸頭設法塞進去。

莊林省分身乏術，家貧子幼，又被婆婆驅逐，常利用中午休息的時間，背著兩名稚子到六甲求醫，然後下午再下田工作，直到夜已更深了才返家，鄰人看見她可憐，不時也從旁給予濟助。

那些本來應該幫助她的人，如今反而來擠兌她。莊乾定陣亡的撫恤金一萬六千元，婆婆全部拿了去，一毛錢沒有給她。婆婆保管印章，每年的撫恤金也都是婆婆具領，莊林省因此向六甲鄉兵役課投訴，才依人口數作了撫恤令的出處，分爲兩紙：一紙婆婆得六分之一，一紙莊林省得六分之五。而莊林省得與三個伯叔兄弟，每人輪流供養八十九歲的婆婆三個月。

含淚撫孤，幾十年沒過一天好日子

政府的社福單位不止一次問莊林省，要不要把孩子送進孤兒院，她爲了不忍骨肉分離，仍然咬著牙不肯答應。四個孩子雖然自小失怙而又家貧，但是沒有學壞，讓她可以告慰。然而由於家中的變故，孩子無法受到良好教育，上天不公平，又給莊家坎坷的命運。

多年前大媳婦因嫌家貧，狠心丟下三個稚子離家了；一九九八年七月，次子國進又因病身亡，而長子國興的油漆生意，最近也受景氣的影響而慘淡經營。莊林省老婦忍人所不能忍，含淚撫孤，幾十年來沒有過一天好日子。當社會日漸進步，國家日益富足，國人同胞慷慨外援，政府卻讓八二三戰役的遺孤遺眷，在痛苦的生活邊緣掙扎，哀哀無告，眞是無語問蒼天啊！（一九九八年九月九日莊林省女士口述，曾錦煌記錄。二〇一七年六月九日李福井改寫）

曾錦煌物傷其類，激發出他的惻隱之心，這些與他有共同命運的人，已被時代的巨輪碾壓，成爲社會的弱勢族群；這些對國家最有貢獻的族裔，現在反而最受國家的冷落，更別說什麼正義了。

每逢佳節倍思親，想到父親的遺骨已經成為混合體，即使取回來的也只是一部分，大部分仍安奉在烈嶼的小祠堂，那裡至今仍可找到父親的名諱。

隨著年歲漸長，他看到母親含辛茹苦的守節，撫養他們兄弟長大成人。他說爸爸入營的時候，弟弟出生還不滿三個月，母親也顧不得坐月子，常時浸泡在冰冷的田水裡，挑著重擔奔波。因為產後用力過度，讓她子宮與直腸的宿疾一拖三十幾年而不得手術，午夜思君雙淚垂，伴隨著她漫漫的人生，眼睛也因為哭泣而幾乎哭瞎了。

成立遺族勵進會，互相激勵與協助

八二三砲戰已成為曾家人的夢魘，奪走了母親一生的歡笑與幸福，豈是只有他一家人如此而已呢？因此，一九九七年十月三日，曾錦煌申請成立「中華民國八二三陣亡烈士遺族勵進會」，同年十二月十六日獲內政部函准設立。這些遺眷遺屬約五十人相濡以沫，同病相憐，彼此互相激勵與協助，如今只剩下二十位遺孀。

由於「勵進會」的成立，政府從二〇〇一年起，才發給遺孀或父母每半年三萬四千元的照護金。

國防部長馮世寬勉勵國軍：「戰爭來臨時，要以崇高榮譽、無比尊嚴，勇敢走向戰場、含笑為國犧牲。」[1]這真是莫大的諷

八二三陣亡烈士遺族勵進會的精神標誌。（曾錦煌／提供）

1 聯合新聞網楊湘鈞／台北報導，二〇一六年六月十四日。

當年國防部長唐飛（左）與八二三烈士遺孀握手，張秀麗（右）悲不自勝；這個畫面就可以告訴曾任國防部長的馮世寬家屬如何悲痛了。（曾錦煌／提供）

刺。那些含笑而勇敢為國犧牲的臺灣充員兵，遺族遺眷長夜孤燈，有流不盡的眼淚，政府有盡到關懷、照顧的責任嗎？

馮世寬說：「我們已經不知道戰爭是如何地殘酷，已經沒有在槍林彈雨中流過血，我們已不知道在戰場中，霎那間失去袍澤兄弟，當然我們也想不出他們父母、妻子、兒女、親友如何悲痛。」[2]馮世寬國防部長不知道家屬如何悲痛？那就請他聽聽八二三遺孤遺眷的心聲，聽聽他們內心的飲泣。

張秀麗女士今年八十七歲，守節撫孤一甲子，教養三子有成，事奉翁姑至孝，她含悲忍痛，仍然盡到了母親的天職、作人的本份，早已獲得社會各界的尊崇與肯定。一九七八年三月，臺灣省省主席謝東閔先生頒贈「室穴盟堅」匾盾；一九九九年二月，台南縣縣長陳唐山表揚她「堅忍守節」。張秀麗的情操，成

2 聯合新聞網楊湘鈞／台北報導，二〇一六年六月十四日。

為八二三戰役遺眷的精神象徵，婦德懿行也化身成為螢幕的「臺灣貞女人。」（曾錦煌訪談時間：二〇一七年六月七日至六月十二 訪談地點：用電話與email書信聯絡）

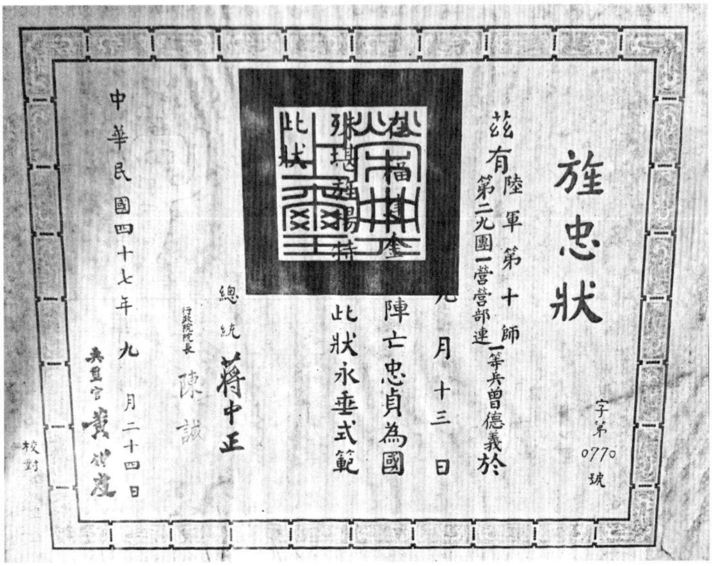
旌忠狀
字第0770號
茲有陸軍第十師第二九團一營營部連一等兵曾德義於
九月十三日
陣亡忠貞為國
此狀永垂式範
總統 蔣中正
行政院長 陳誠
中華民國四十七年九月二十四日
校對

國防部令
追晉故員曾德義
為陸軍上等兵
此令
部長 俞大維
中華民國四十 月二十日

蔣總統頒贈給曾德義為國捐軀的旌忠狀（上），國防部長俞大維頒贈的追晉令（下）。據曾錦煌說，他曾問父親的袍澤，父親退伍前已升為上兵，國防部應追晉為下士才合理？（曾錦煌／提供）

18 廈門何厝英雄小八路，外甥打母舅

到廈門踏訪八二三砲戰，在何厝老人活動中心，剛好碰上當年《英雄小八路》的靈魂人物何明全（左）。

何明全，廈門何厝人，打開生命的扉頁，他從懵懂的少年，一路登上英雄的位階；兩岸開放交流之後，他踏上母親的故鄉烈嶼青岐，向外祖父母上香敬祭，完成母親的遺願；並到古寧頭金門和平公園敲響和平鐘，落實「兩門一家親，和平向前行。」

一九四二年，這是中國抗戰最艱困的年代，外侮憑陵中夏，全國軍民奮勇禦侮，而何明全在日本鐵蹄控制廈門的當下，誕生在中街上埕的一個貧困農家。先是祖父落番到泰國娶了「番婆」，經營餅乾舖，有一天突然失火燒得精光，祖父就把妻子和三個年幼的兒女帶回廈門，然後隻身再前往泰國另謀出路。

祖父這一去，再沒有踏入家門一步，只留下一個「番婆」來照顧子女、養家活口。在這個國弱民困的民國年代，

在這個子幼家貧的社會環境，一個「番婆」要養育三名子女，確實非常艱辛。這時又依閩南人的習俗，從烈嶼青岐村抱養了一個三歲的童養媳洪罔市（閩南語有將就著養，有無奈之意）。這就是何明全的母親了。

何家山沒田地海無蚵石，是一個散赤戶

這時的何家是一個無產階級，山無田地，海無蚵石，只靠祖父一點僑匯過生活；後來才向人家租了一塊八分的旱地和一塊七分的水田，開始種植高粱、地瓜與水稻，再向人租了一百多塊的蚵石，生活才漸漸的改善。

父母親成親之後，這樣貧困的家庭環境會遺傳，不僅父母鎮日爲衣食謀，吃了中午不知晚餐在那裡？艱苦備嘗，而下一代的子女沒有辦法接受良好教育，只能在生活邊緣掙扎。何明全說小時家中相當簡陋，只有一張舊床舖，一張小餐桌，幾張破舊的條凳，渡過多少個風雨晨昏。

況且何明全的父親何月榮，人稱「番仔榮」身體不好，禁不起繁重的上山下海的工作，一天勞作下來之後常腰酸背痛，躺在床上呻吟；整個家庭的重擔無形中就落在母親身上。母親一九一三年生，她有傳統婦女的美德，有金門人堅忍不拔的韌性，任勞任怨，全力撐起了這個貧困的家。

抗日勝利之後，廈門與烈嶼海路暢通，兩地相隔不過五公里，帆船順風順潮半個多小時就到了，母親有四個兄弟五個姊妹，不時與娘家仍有往來。一九四八年何明全六歲，他說已經懂事了，舅舅洪清添和阿姨洪金玉，曾先後到過何厝來看望母親，他還親切的喊過舅舅與阿姨。

一九四九年十月十五日，阿姨洪金玉又來了，當她一踏進家門，何明全看到了就打招呼：「阿姨！妳來了。」阿姨「嗯了一聲」，然後環視家裡，問說：「你母親到那裡去了？」明全說可能上街去了，

拿了一張椅子給阿姨坐。

不久母親從外面回來，看到妹妹來了很高興。阿姨說：「阿爸阿母很想念妳，要我邀妳回去看看。」母親不置可否，就說：「快中午了，我先去煮飯。」阿姨移坐到旁邊，叫明全的小名：「安皮，你想不想外公外婆啊？」

「想，當然想！」童稚的何明全高興極了。下午兩點多鐘，阿姨要回去了，就跟母親說：「那好吧！我回去跟阿爸阿母說一聲。」母親放不下家中的孩子與做不完的工作，阿姨失望的搭船回去了。這一回去，烈嶼五公里的海路從此比千山萬水還長，終母親之世只能望斷鄉關。

就在阿姨回去的這個晚上，明全說母親與姊姊弟弟因天寒早已躲進被窩裡了，父親吹熄了煤油燈，父子兩人也躺下就寢，很快就進入夢鄉了。到了下半夜，被一陣激烈的敲門聲驚醒：「開門，快點開門！」

父親起床邊穿衣服邊說：「等一等，我去開門！」突然間家中那一扇薄門被撞開，何明全坐擁棉被，只見三個荷槍實彈的國軍，二話不說就推父親出門。母親穿好衣服適時趕來了，驚慌地問：「你們要幹甚麼？」其中一個兵高聲說：「要他去當船夫，載我們到金門。」

母親驚魂甫定：「那你們也不能那麼用強，也要讓人穿好衣服呀！」然而這些兵並不理會，把父親架走了，家人一下子六神無主，不知此去吉凶如何？不免在家裡擔驚受怕、徹夜難安。

父親半夜被捉去當船夫，脫險後已變天

十月十八日上午何明全說父親平安歸來，他跟家人講述脫逃的經過：「那天晚上被國軍押出門後，寒風一吹，身子直打抖擻，一邊向前走，一邊把衣服穿好，扣上鈕釦。三名國軍用槍押著，一直催促：

『快點！快點！』天色很暗，依稀可見國軍零零落落跑來跑去。」一路可見丟棄的衣服、鞋子、子彈與槍枝，還有一包包的大米。

父親被押向海邊，眼見已有幾艘漁船、還有汽艇泊靠，阿兵哥爭先恐後登船，父親被指定跟另一個漁民駕一艘船，船上擠得滿滿的軍隊。第一趟把兵安全送上烈嶼，此時天已大亮了，回程時日上三竿，還載第二趟。

父親警覺這一趟上了烈嶼，恐怕回不了家，就與伙伴商量，在半路上故意讓船觸大礁，船隻翻覆了，軍隊紛紛落水，很快就沉沒海底；而父親憑著嫻熟的水性，與同伴安然游了回來。經過這番一折騰，天地已經反覆了，十月十七日，廈門變天了，金廈一衣帶水從此成為鬥爭的場域。

何明全從此要由共產黨哺育，喝著它的奶水長大。廈門鎖進紅色中國之後，何家的生計仍然沒有改善，窮困還是來折磨人；他每日上山下海幫忙工作，同樣在為衣食發愁，姊姊大他四歲，一直想要讀書，兩次都被父親打了回票；何明全也渴望讀書改變命運，但是家裡沒錢，又需要他這個人力，有一天他實在忍不住了，向父母親提出了要求：

「阿爸阿母，我下學期想去讀書！」父母親放下手邊的活兒，很詫異的問他：「讀甚麼書？」

「小學。」

「你已經十一歲了，還要讀書？」

「正因為我已十一歲，才要趕緊去讀書，不然年紀越來越大了。」

父母親的考慮太多了，下不了這個決心，何明全有一點要賴的說：「反正下學期我要讀書！」

父親看他立場那麼堅定，就對母親說：「讀，就讓他讀吧！」

母親見父親已表態，緊接著說：「你阿爸已經同意了，開學時去報名吧！」

一九五三年九月一日，何明全終於如願讀書，進入禾山第四中心小學，他是全班數一數二的高個子，而且年齡又最大，老師就指定他當班長。翌年六月一日兒童節，何明全加入中國少年先鋒隊，戴上代表榮譽的紅領巾，後來再當上少先隊的小隊長與中隊長。

一九五七年九月，他升上四年級，有一天學校告訴經過審查，他有條件可以申請加入中國新民主主義青年團組織，一個禮拜之後舉行入團儀式。青年團是領導少先隊的，而且是共產黨的得力助手。

一九五八年的上半年，他讀小五，自從五月份開始，兩岸情勢就開始緊張起來，小孩子也搞不懂。然而村里的大人們，幫忙軍隊運石頭、木頭、構工，小朋友看在眼裡，就在校長的宣導，同學的發軔，班導師的組織之下，動員學生洗補軍衣、修公路、查接電話線，燒送開水、地瓜湯。何明全成分好，老師又要他負責領導這個工作。

時局越來越緊張，廈門沿海一帶的老人、小孩開始後撤，學校也不例外，不能留在前線支前，他想起平日國民黨飛機的騷擾轟炸，造成平民百姓的死傷，他的仇恨意識又浮現在眼前，他說這個仇一定要報。因此，即使父母後撤到殿前村，他也堅決要留下來鬥爭。廈門人民唱著一首歌《中國人民下命令》：

中國人民下命令，
警告美國侵略軍，
如果不滾出台灣島，
正義的鐵拳不留情……

一九五八年八月二十三日，晴空萬里，下午五時三十分（金門夏令時間六時三十分），大陸萬砲齊轟金門島，從廈門望過去一片火海，看不見島嶼。傍晚時分，就知道金門三位副司令官死傷，國防部長俞大維輕傷。國軍官兵傷亡六百餘人。

砲戰打出《英雄小八路》，改變人生路

這時郊區黨委把禾山第四中心小學、前埔小學、后坑小學組成「前沿聯校」。何明全這時一邊讀書，一邊參與村里民兵的站崗、放哨、巡邏與安檢。一九五八年九月十日下午，學生正在防空洞上課，來了兩個人物，一個是啣命前來的團市委副書記，對於學生戰時的表現，要表示感謝之意，就在洞口授旗，上書：「英雄的小八路。落款是共青團廈門市委會。」

這時何明全在烈嶼的親人，正忍受著廈門砲火的轟擊。洪生產，烈嶼青岐人，一九四二年生，他的祖父，是何明全的舅父，在和平時代兩家往來密切，烈嶼的洪家忘不了留在廈門的骨肉至親。洪生產這時被逼出了烈嶼，到大金門的聯合國小讀小學五年級，而何明全未來的表侄媳蘇金針，只有八歲之譜，正遭逢砲火的摧殘。

蘇金針說，八二三當天傍晚，青岐村還在開村民大會，隔壁的嬸

廈門共青團團市委副書記，啣命來頒一面錦旗《英雄的小八路》，沒想到一旗定位。

母在炊粿，農曆七月半快到了，就叫家中十一歲的童養媳送粿去西宅給親戚，要八歲的蘇金針陪同一起去。兩個小女生每人提著一個籃子，一路恍恍蕩蕩的去西宅，親戚回禮，每一個籃子押了一個南瓜。

兩個小女生提著沉甸甸的籃子，童養媳說要到緊鄰的東林村找朋友，蘇金針雖然不認識，因爲結伴出來就跟著去了；阿婆拿了一張條凳放在廊簷下，兩個小女生剛剛坐定，突然聽到砲擊聲。阿婆說：「沒關係！沒關係！在考馬（閩南語演習之意）。」過了沒一會兒砲彈倏、碰、迸，就聽到外面大聲喧嘩，阿婆拿了一床棉被給她們蓋。

後來眼見情勢不妙，就拖著棉被去躲床舖底下，等到砲火暫歇了，才跑到山洞去躲，在路上發現種菜的一灘湖水，旁邊死了一個兵，他腳尾死了一知公雞，兩人怕得直發抖，然而這時看到阿兵哥身旁有三塊錢紙鈔，跑去撿跌了一個踉蹌，險些撞到阿兵哥的屍體，嚇出一身冷汗。兩人二一添作五，各分了一塊五毛錢。

兩個小女生在山洞躲了一晚，這時蘇金針的母親在家找不到獨生女，眞箇心急如焚，後來打聽出跟鄰居送粿啊到西宅，一個晚上睡不著覺，巴不得天快亮，七早八早就跟著殺豬車到東林菜市場，這是軍隊採買的大本營，只聽母親一路用閩南語哀哀的叫：「黑針子！黑針子！」金針皮膚黝黑。有人告訴她躲在山洞裡，母女兩人相見抱頭痛哭。（蘇金針訪談時間：二〇一四年十二月十四日　訪談地點：金門金城洪宅）

何明全英雄出少年，這時領著十三名英雄小八路支前，就代表隊員向副書記表示：「今後在任何情況下，不怕困難，更不退卻，一邊堅持學習，一邊堅持鬥爭，支持解放軍叔叔狠狠懲罰美蔣敵人。」

何明全當年讀書的「萬順樓」八二三中彈，中共刻意不整修，作為控訴國軍摧殘的見證。

《英雄小八路》頓時紅遍紅色中國

九月十三日經過廈門日報報導，馬上在全國各地掀起效應，有人慰問支前，有人寫詩、填詞、作曲。有一首《英雄小八路》的歌曲：

小八路，
志氣高，
海防前線逞英豪，
逞呀逞英豪，
不怕風來吹，
不怕雨來打，
公路坑道、橋樑修得好，
保證叔叔開大砲，消滅敵人。

小學畢業前夕，何明全上北京兩個月左右，到各校宣講英雄小八路的故事。一九五九年六月，小學畢業，這時十七歲，父親的身體越來越差，只靠母親做雜工及剝賣海蚵撐著。母親好不容易等到他畢業，可以幫忙做事，爲她分憂解勞，然而當何明全話一出口，母親驚呆了：「甚麼，你還想讀書？」

「是，阿母，再讓我讀三年，把初中讀完。」

母親一聽到再讀三年，心頭火起，大聲嚷道：「你有沒有想過，你父親沒有辦法幫助家庭，兩個弟弟還要讀書，我一個人要撐起家裡的重擔。」

何明全何嘗不知道家中的艱困呢？然而他不讀書，沒文化，就沒有前途，他以哀求的口吻說：「阿母，妳再辛苦幾年，讓我讀完初中，我一定回家好好勞動，報答妳的養育之恩。」

「像我這樣的身體，還能吃幾年？」母親幽怨的說：「你已長大了，人站起來一丈高，不回來幫忙，還想再讀。安皮，你替我和這家想過沒有？」

「阿母，」何明全叫了一聲，雙腳落地跪在母親的面前，淚眼婆娑的說：「妳讓我再讀三年，我會利用暑假這段期間到外面做工，掙一點錢負責兄弟的學雜費、書本費，請妳放心。」

母親看到孩子哭，她也忍不住的哭，邊哭邊說：「孩子，不是阿母不讓你繼續讀下去，我一個女人家很難支撐下去啊！你既然這麼堅決，阿母只得再忍耐幾年吧！」

一九五九年九月一日，何明全升上廈門市第三中學；表侄洪生產聯合國小五年級留級。他們兩人的命運，要在金廈海域的鬥爭對抗下，各自寫出不同的歷史篇章。

老師唱名的時候，又宣佈何明全擔任班長，配合老師一起抓好班裡的各項工作。學校團委開會時，又宣佈他擔任一年級團支部書記，除了協助做好本年段的共青團工作，並要吸收優秀學生加入共青團。組織與宣傳是共產黨的拿手本事，一九六〇年春節，少先隊的輔導老師王添成，花了幾個月寫成五幕話劇《英雄小八路》；後來經人加工於同年六一兒童節，在福州公演，引起極大的迴響。

一九六〇年十月，上海天馬電影製片廠來廈門第三中學現場拍攝電影《英雄小八路》，電影主題曲

時任中共國家副主席的董必武南下廈門，接見《英雄的小八路》的成員。

《我們是共產主義接班人》，一九七八年共青團第十屆全代會定該曲為《中國少年先鋒隊隊歌》。

一九六二年六月二日，初中畢業，二十歲，回到了何厝村。這時蔣介石揚言反攻大陸，兩岸情勢又開始緊張，黨中央發出征兵令，何明全違背對母親的承諾，又報名參軍，應征入伍，不告而別。

初中畢業去從軍，母親說他好狠心

母親得知之後，吃不下飯，睡不著覺，頭髮沒有梳洗。母親說：「現在社會上局勢很緊張，大家都說國民黨要打過來，所以這批新兵準備要打仗，我能不煩惱？」母親長長的嘆了一口氣：「安皮，你好狠心。」

何明全從軍，薪餉六塊人民幣，他的耳畔時常響起《我是一個兵》這首革

何明全（右）在海邊執勤，從眉宇之間看出一臉悍相。

命歌曲：

我是一個兵，
來自老百姓，
愛國愛人民。
革命戰爭考驗了我，
立場更堅定；
我是一個兵，
握緊槍桿擦亮眼睛，
打敗日本帝國主義，
消滅白匪軍；
誰敢發動戰爭，
堅決把它消滅乾淨！

何明全初中畢業時是「三好」學生，一九六三年底又被評爲「五好」戰士，這時是二十一歲。翌年四月從機動支隊排調到何厝邊防派出所。所長跟他說：「毛主席說過，甚麼叫工作？工作就是鬥爭，越是困難的地方越是要去，這才是好同志。你是《英雄小八路》的成員，更不應該怕困難，要像毛主席說的，工作就是鬥爭，我們要拿出勇氣來，克服一切困難，甚麼工作都能勝任。」

同樣是一九六三年，洪生產十七歲，這一年他讀初中一年級，讀沒多久父親就不讓他讀了，要他回去打漁，過了沒有多久，父親就故去了。他父親，是何明全的表哥。

洪生產十八歲開始，就接了父親的遺缺《烈嶼水上工作隊》，從事離島的離島海上運補工作，按照中共的說法是越困難的地方越是要去。這時何明全守在廈門何厝；洪生產守在故鄉烈嶼，他們素不相識，但是都印證了毛澤東說的「工作就是鬥爭。」

洪生產說，營部情報官上尉戎紹鑫，住在復興嶼，那一年農曆十一月初四早上到烈嶼洗完澡，下午洪生產就載他們回去；然而時序已進入了冬季，海上風高浪大，翻船了，他說成功隊兩個死了一個，水上工作隊隊員洪山珍、洪天養殉職。洪生產憑著年輕人的體力與泳技，救了戎紹鑫。

他說那一天青岐又正好在開村民大會，過了很久才知情，救援不及，溺死了很多人。叔叔住湖下村幫人煮外燴，聽到翻船的消息，把東西掀翻了，撂了一句：「我侄兒一定死，他瘦小，一定死。」等他回到青岐，發現侄兒倖免於難。洪生產說是神明救了他。

戎紹鑫，浙江寧波人，曾任蔣經國侍衛官、海岸巡防司令部參謀長，以少將退役。生產說戎紹鑫退役之後，透過金門縣政府找到他，感謝他當年救命之恩，而他的兒子藝人戎祥，生前也透過現任烈嶼鄉長洪成發，到洪家致謝。

洪生產說軍隊換防最為危險，尤其大二膽島沒有碼頭可以泊靠，船在海上蕩得很厲害，水上工作隊都要漏夜去載兵。有一年換防，他正在船艙裡舀水，然而這時船隻被浪掀翻了，他還蒙在鼓裡，等到沒法呼吸了才冒出水來。

洪生產說他不會暈船，這時趕緊把船上汽油桶的油倒掉，丟給戰士助浮；其次要趕快幫軍人身上的

何明全與洪生產表叔表侄在金廈海域交鋒，一方送特務，一方捉特務。

雨衣雨褲剝掉，才有辦法游泳。他說救了兩三個台灣充員兵，他們還到家裡謝恩呢！

一九六四年，何明全在何厝派出所，派到廈鑵農場，不時帶著各家各戶的戶口名簿下鄉抓緊治安管理工作。農曆八月有一天晚七時十五分，他突然接到一通電話：「今晚八時，小金門有兩艘操作帆（小型的汽艇），每艘有十三個全副武裝的人員，從湖井頭這個地方下水，要武裝襲擊沿海，目標是你們黃厝一帶，請立即做好準備。」

這時已經入夜了，海上漆黑一片，海軍、陸軍、民兵三方面配合。陸軍在高地設了一台探照燈，專司照亮海面，讓海軍負責殲滅。中共守株待兔，八時二十分探照燈一開，只見兩艘汽艇一前一後，探照燈鎖住後面這一艘，讓它無處閃躲，火砲、槍彈齊發，油箱爆炸燃燒起火沉沒，一個人跳海被俘。另一艘汽艇乘著夜幕掩護，及時逃脫了。

表叔表侄在兩岸，演出親人大對抗

洪生產不遑多讓，他說他也捉過一名水鬼。

一九六〇年代，他執行軍勤時，發現一名水鬼在海上游不動了，他說那時他年輕力壯，不輸成功隊，就把他捉上岸，問明口供。這個水鬼名叫周才先，是印尼泗水的華僑，返國讀廈門大學，參與了兩岸的鬥爭。

當時捉到一名水鬼獎金三十萬新台幣（愛國獎券首獎才二十萬），洪生產沒有功勞，也沒有苦勞，獎金獎狀都沒有。他說烈嶼守備師師長杜品武整碗端去，他心有不甘，提出抗告。

他的表叔何明全是共青團的團員，而洪生產是國民黨青年團的團員，每年救國團團主任蔣經國都會寄一張明信片給他，他就上達天聽，把整件事的來龍去脈告訴蔣經國。那時杜品武已調升南部軍團，他說把他告倒了。

一九六四年九月，中共決定撤銷

何明全（左一）資深共產黨員與洪生產（左二）資深國民黨員，不打不相識，原來他們是親戚。何明全到金門走親戚可勤的了。

中國人民公安部隊建制，何明全復員轉入廈門市公安局何厝派出所當民警，月級二十五級，工資四十二元。這個時候他才有餘力照顧這個家，每月十至十五元給母親家用，五元給父親調養身體，自己每月積存一點錢。

這時的洪生產已是中國國民黨的黨員，而他的表叔何明全到了一九六四年的十二月，第一次遞交了入黨申請書，積極向共產黨靠攏。一九六六年五月八日，組織通過他的入黨申請，他努力爭取成為一名合格的共產黨員。

他們叔侄倆站在海峽的兩岸暗自交鋒。何明全說曾塔人民公社所轄的海岸有十公里，因此，「反敵特偷襲和反壞份子下海投敵的工作特別繁重。」他天天要查看民兵崗哨，掌握情況。

何明全說，他晚上帶著手槍和衝鋒槍，從黃厝到曾厝垵的海岸例行巡邏；然而無巧不巧的，這時的洪生產不時的載著特務人員登陸，他們在廈門海域不止一次從事滲透與反滲透的諜對諜。

洪生產說，他載特務登陸都是早上四點鐘出發，利用黑夜掩護，載些甚麼人不是很在心。有一次到金聲戲院看電影，赫然發現門口的收票員就是搞特務的，洪生產心想我前天才送他去的，怎麼又回來了。他一眼認出了他，對方故意把頭低下，裝做若無其事。

洪生產說每次出任務，以日本製的十六匹馬力的汽船載往曾厝垵的外海，大陸就有人用竹筏來接應。返航時他說大陸開槍，何明全是不是曾經開過槍呢？而大二膽的國軍緊張也開槍，子彈咻咻咻飛過去，非常驚險，船上懸掛的國旗都中彈。他因此向國軍提出抗議，軍方派人來說好話才善罷甘休。

我問何明全：「你那時如在曾厝垵捉到洪生產，你會怎麼辦？」

何說：「不認識！不認識！事情已經過去了。當年為國軍做事，如被捉住了，跑不了，跑不了。」然而洪生產有一點過不去，他說當年出任務，沒薪水，沒獎金也沒獎狀，一毛錢沒拿到；若是被打死，也就白白被打死了，沒人會理會。烈嶼的老人對洪生產說：「你眞不值，甚麼都沒有。」

洪生產英雄無名，他說當時如有照相機存證，他的功勞很大，就不會讓他的表叔「英雄小八路」專美於前了。國府，真有把人民放在心上嗎？（洪生產訪談時間：二〇一五年五月二十八日　訪談地點：金門金城洪宅）

何明全進入廈大，共產黨重點培養

中國共產黨，把何明全放在心上了。一九七〇年十月他離開崗位，帶薪進入廈門大學中文系中文專業工農試點班學習，全國各地來的菁英三十人，何明全又被點名當班長。何明全當年跪求讀了中學，如今才有機會進入廈大的堂奧，所以他珍惜這個機會，努力的讀書，絕不辜負組織的栽培。

一九七一年五月初，師生在外田調二十多天之後，一起打包回到學校；鄰居洪罕治跑到學校來找他，何明全覺得很奇怪，問說：「你找我有甚麼事？」

洪說我昨天到你家，看見你母親抱著孫子坐在灶口煮飯，我看你母親眼淚直流，一副很痛苦的樣子。接著說道：「你可能要回家一趟，是不是帶她到醫院檢查一下？」

何明全請假回去，帶母親到醫院檢查的結果，只見檢查報告寫著：「肝ca，晚期。」何明全問甚麼意思？醫生說ca就是癌症。何明全有如青天霹靂，一下子傻住了，心想這是不治之症啊！

何明全心頭此刻浮上母親一輩子的劬勞，從來

何明全的母親洪罔市鄉關遺恨。

沒吃過一口可口的飯菜；沒有穿過一件光鮮的衣服；沒有睡過一次舒適、香甜的覺；更沒有外出欣賞過美麗的風光。即使生產第二天，顧不得虛弱的身體，忍著刺骨寒風，堅持上山下海外出勞作。想到這一些，讓何明全不忍與不捨。

六月二十六日，母親溘然長逝，得年五十八歲，這位烈嶼之女、父母取名罔市的苦海人生，就此無奈的落幕。她被父母丟到廈門去自生自滅，她的心事誰人懂得呢？

何明全一個月來日夜不休的照顧母親，體力透支過度，加以六月底天氣炙熱，在母親的追悼會上，他昏倒在地，被人攙扶著回家，沒法送母親上山頭，成爲他這一輩子的遺憾。

一九七三年一月，何明全廈大學習期滿，舉行畢業典禮，師生依依惜別。母親沒有看到他的功成名就，更上層樓；沒有機會再回烈嶼老家一趟，認親訪舊，在她嚥下最後一口氣的時候，是否想要魂歸故里呢？母親沒辦法達成的願望，何明全要來幫她完成。兩岸關係開始解凍之後，這位共產黨的鐵桿子，受到親情的召喚，把鬥爭的意志擺在一邊，開始隔海尋親。

踏上青岐土地，完成母親尋親遺願

一九九〇年代，金廈海域興起海上小額貿易，何明全記起母親生前交代的事：「安皮，如果時機有轉變，兩岸可以往來，你要到烈嶼青岐看你的外公、外婆、舅舅、阿姨。不然，兩岸的關係都會斷掉。」

何明全說：「阿母妳放心，我不會忘掉的。」何明全記得自己的承諾，有一天對外甥石水加說：「水加，我交代你一件事。」

「甚麼事？」

「你外祖母是烈嶼青岐人，她在世時交代我要尋找烈嶼的親人。你們海上捕漁時，能不能碰到烈嶼的漁民，特別是青岐村的人？」

「會遇上，我們長年在海上打漁，經常會碰到。」

何明全於是拿了紙筆，把烈嶼的親戚名字寫上，外公叫「坪仔」，母舅清添，阿姨金玉，表兄弟「紫嘴」，住青岐土埕，都姓洪。

過了幾天外甥回報說，外公外婆都已離世，有一個表侄乳名「阿嬰」，戶口名簿寫著洪生產。

何明全尋親有了眉目大喜過望，雙方開始口頭傳話，接著相互交換照片，認親之路漸漸清晰了。

一九九六年，那個八二三砲戰時的小女生，現已成爲表侄媳的蘇金針從台灣坐飛機到香港，再轉廈門，兩家的親人第一次照面了。一九九九年，表侄洪生產也到廈門探親，兩家情感日益密切；然而何明全想親自到烈嶼青岐踐履母親出生的土地，祭拜外公外婆的心願卻一直無法完成，他說由於台灣種種的限制。

何明全爲何一時來不了呢？他廈大畢業之後，回到廈門市公安局郊區分局報到，一九七三年四月，分局接到市公安局的文件通知，任命何明全爲該分局的副局長。

一九七八年初，組織任命他升任郊區分局的局長，後又增補爲中共廈門市郊委常委。他說這時區檢察院、法院也相繼成立，他要代表區委分管政法口的工作。一九七九年七月二十七日，他的轄區捉到一名偷雞賊，嫌犯當夜在拘留所上吊自殺，臥病母親聽到兒子的噩耗驟逝，演變成「一雞兩屍」的命案，驚動國務院，上級「要身爲郊區公安分局局長的我負起這一事件的主要責任。」

一九八一年三月，組織對何明全最後的決定：「免去郊區常委、郊區公安分局局長職務，調離公安部門，任郊區海防工作部副部長。後來改任郊區對台工作辦公室主任職務。」

一九九六年四月，區委、區政府把他調離區海防工作辦公室主任。後來由於年齒日增，要他退出領

何明全（左）的小學母校，現在建有《英雄小八路紀念館》，與作者在門前留下歷史鏡頭。

導崗位，任命爲區委政法委調研員。二〇〇二年九月二十八日，這位崛起於《英雄小八路》的何明全，領到了退休證。這時滿歲六十，兩鬢已斑，大嘆歲月不留人。然而尋親之夢長在我心。

何明全想到母親生前，牽掛著兩岸的親人，一九四九年底兩岸割裂，親情也就斷了；一九五八年八二三砲戰，何厝與烈嶼都籠罩在砲火之中。他說母親心急如焚，那邊是自己的父母、兄弟姊妹；這邊是自己的丈夫兒女，那一邊受傷都於心不忍。因此，母親每天都吃不下飯。

然而，何明全那時悍勇無前，領導著一群《英雄小八路》，心中充滿著仇恨意識，那裡能眞正體會母親的心情呢？時間是仇恨的解藥，何明全回首前塵往事，不知心中作何感想呢？可能他心心念念還是兩岸的統一夢吧！歷史，又像前推移了，誰能給未來的歷史答卷呢！只能當下重溫兩岸親人相聚片刻的溫暖。

兩岸親人大團員，母親魂兮歸來

何明全說，二〇〇四年十二月，福建居民赴金門旅遊的線路開通。二〇〇五年一月七日，他與部分當年《英雄小八路》的成員何佳汝、何大年、何亞豬、黃友春、郭勝源及何厝小學校長鍾利富應廈門旅遊集團的邀請赴金門旅遊，出發前夕，他徹夜難眠，手捧著母親的遺像注視著，眼淚汨汨的流，盼了半個多世紀，總算能了卻母親的遺願了。

七日早晨九時十分，船從廈門和平碼頭出發，十時三十分就到金門水頭碼頭。第二天，旅行團終於

何明全黨性堅強，一路翻滾上來，到金門拜謁了祖庭，最後到和平公園敲響和平鐘，作為年輕蒙昧仇恨的救贖。

踏上烈嶼的九宮碼頭，母親出生的土地，表侄洪生產已經等候多時了。

當車子開到了青岐村的祖居，一進廳堂，何明全跪倒在外公外婆的神位前，奉上三炷清香，上告祖靈：「今天外孫來看您們了，我也代表母親來看望您們兩位老人家。」

《英雄小八路》昔日打不開的對峙門戶；何明全這一跪，打開了兩岸親人團圓的大門。洪罔市，可以魂兮歸來了。（何明全訪談時間：第一次二〇一四年十月二十日　訪談地點：廈門何厝　第二次二〇一四年十二月十四日　訪談地點：金門金城洪宅）

19 眼淚是流不完的，誰有權力決定別人的命運？

我無言面對一頂鋼盔

金門八二三留下的見證

林煥彰

眼淚是流不完的，誰發動戰爭
誰有權力決定別人的命運，
奪取人家，千千萬萬無辜的性命？

問號，問號，問號，
我該用多少個問號？

詩人說我無言面對一頂鋼盔：但是我要說我無言面對這個戰士。（鋼盔為烈嶼林馬騰收藏）

一個人一個問號嗎？
死去的人，每一個都有千萬個
問號，可惜它們都沒有聲音
它們都凍結在比海還深，
比死亡還冷的
黑洞裡：沒有比回不來的吶喊
的聲音
還深，千古都沒有迴音……

我只是一頂鋼盔，
我只能以哭瞎了的眼，流不乾的
雙瞳，
面對歷史：有誰還管你
這段歷史
誰的歷史？死亡的，悲劇的
歷史？……

（二〇一七年八月二十三日聯副）

詩人的人道關懷，像是人間的天籟

詩人的人道關懷，像是人間的天籟，然而戰爭是慘酷的，人世是健忘的，隨著時間的流轉，政權的更迭，那些為國效忠效死的台灣充員兵，沉埋在歷史的煙塵裡，留給家人父母妻兒無盡的思念與感慟。

眼淚是流不完的，誰發動戰爭
誰有權力決定別人的命運，
奪取人家，千千萬萬無辜的性命？

詩人藉著一頂鋼盔大哉問，八二三砲戰，轉眼間已屆滿一甲子了，當兩岸的鬥爭已經轉向，當那些為國盡忠者已經被人遺忘。詩人不禁要問：

我只是一頂鋼盔，
我只能以哭瞎了的眼，流不乾的
雙瞳，

當匾額已經褪色，當獎章獎狀已經深藏在篋底，當與領袖的照片已成為歷史追打的話柄，你今天跟誰說八二三砲戰的貢獻與犧牲？

面對歷史：有誰還管你
這段歷史
誰的歷史？死亡的，悲劇的
歷史？…

現在我們要面對這一段死亡的，悲劇的歷史，打開遺孤遺眷悲泣的心扉，讓社會大眾了解，所謂盡忠報國的眞諦，歷史清晰的告訴我們：

褪色的匾額

蘇天富，台南縣仁德鄉人，一九五七年二月十日奉召入伍，到台南砲兵學校受完訓之後，即刻分發金門服役，駐守在古寧頭的砲陣地。翌年八二三砲戰爆發，陣地被共軍砲彈擊中，全班兵員都被震昏過去了。

蘇天富那時只有二十二歲，正當年輕小伙子，首先甦醒了過來。蘇天富出身貧苦農家，小學畢業之後就輟學，幫忙母舅種田；又幫忙到樹薯磨粉廠工作，由於他悟性高又勤奮，很快就能獨當一面，因此膽識過人。

蘇天富身材魁梧，從鬼門關前回來，想要向上級回報砲陣地中彈，也因電話線被炸斷而束手無策。然而，共軍的猛砲仍然持續的鎚打。他礙於金防部的規定，沒得上級命令不敢回擊。

他思量了一陣子，與其坐以待斃，何如還擊？心念及此，也不理會上級准不准的問題，就自個兒扛彈、上膛、開砲。過了一會兒，共軍砲火停熄了。隔了一個小時，師長、團長與營長相偕到砲陣地來，問說：「剛才那一發砲彈，是誰受命射擊的？」

蘇天富心想：「這下完蛋了。」然而他敢作敢當，即使犯軍法被判刑亦再所不惜，仍然把手舉得高高的，承認是他一個人單幹的。然而奇怪的是，師長嚴厲的口氣霎時緩和了而有一些愉悅的神秘神情。當晚，蘇天富被送往金防部，受到司令官胡璉將軍的表揚，因為他奮力一擊，剛好命中共軍的彈藥庫，一時驚爆火光燭天，烈焰燃燒了三天三夜才止熄，蘇天富頓時成為「戰鬥英雄」，回台接受總統蔣介石的授勳、表揚與合影留念。他與其他的「戰鬥英雄」坐著吉普車繞全台各縣市遊行了十天，接受各界的獻花、歡呼與禮敬。

繞經台南縣時，他披著紅色戰鬥英雄的綵帶，與務農的父親蘇永田一起坐在吉普車上，那是人生最光榮的時刻，也是蘇家最風光的一天，因為蘇天富「英名顯揚」。他的貢獻得到了軍方的肯定。陸軍預備部隊訓練司令陸軍中將劉玉章，送來了一塊上鐫「英名顯揚」的檜木匾額，上面刻鏤著「蘇天富同志在本部新訓第九中心結訓成績優良，嗣調金門服役，於八二三反砲戰中充分發揮冒險犯難英勇奮鬥精神，膺選為戰鬥英雄，顯揚名楣，為國增光，特誌其功以彰殊勳。」

蘇天富享受了幾天的榮寵之後，旋即返回前線，繼續參加戰鬥。一九五九年一月七日，蘇天富在反砲擊中，砲陣地又中彈了，蘇天富這一位戰鬥英雄為國捐驅了，他的壯碩身材，化作一盒小小的骨灰罈，由黃綢布包裹上覆著國旗，戰後送回了仁德的老家。

蘇天富留下了雙親，幸好他還有一個胞弟蘇天興代他負起奉養的責任，撫慰兩老傷痛的心靈。英雄長眠了，如今墓木已拱，家中那一塊「英名顯揚」的牌匾，因為長年受到香火的燻蒸，已經褪色而無光了。

八二三台海戰役，物換星移幾度秋，那些當年出生入死，保家衛國的英雄，漸行漸遠漸無聲：台灣如今在享受自由民主的生活，享受經濟增長的社會成果，有誰還記得他們當年一戰定江山的英勇功績？有誰還感懷他們當年的犧牲與奉獻呢？

再過半個月就是八二三砲戰四十二周年紀念，蘇天興夫婦將與八二三戰役陣亡烈士遺族勵進會會員及其家屬，首次到大直忠烈祠公祭。八二三台海戰役，只在中小學課本留下簡單數語：國軍的英勇事蹟，遺孀堅忍撫孤的志節未曾著墨，看在八二三戰役遺孤遺族遺眷的眼裡，心中感慨良多；當一旦戰爭再起，不知政府如何喚醒國人執干戈以衛社稷？如起英雄於地下，他們也會浩然長嘆，而與父母、親人長抱痛哭。（二〇〇〇年八月曾錦煌訪問蘇來興，二〇一八年三月二十三日李福井依原意改寫。）

歷史悲劇會循環，要以甚麼姿態對待

歷史的悲劇會循環，你期望得到怎樣的對待呢？當犧牲已無意義，當哭泣已經無聲，當和平渺茫似在雲端，當戰爭的喪鐘如再響起，試問你要以怎樣的姿態去面對？詩人說：

死去的人，每一個都有千萬個
問號，可惜它們都沒有聲音
它們都凍結在比海還深，
比死亡還冷的
黑洞裡：沒有比回不來的吶喊
的聲音
還深，千古都沒有迴音……

詩人的叩問，我人不禁要來反叩問詩人，那個千古沒有迴音，同樣有千萬個問號，是：「孰令致之呢？」歷史的黑洞比海還深，只見一列列的死亡列車駛過，所有的吶喊都沒有迴音。

當國民黨堅持「九二共識」從「反共」到「和共」；當民進黨不承認「九二共識」從「反中」到「脫中」。兩岸鬥爭的主角，台灣已經換了主人了；兩岸鬥爭的戲碼已有改變，國民黨反攻不成，以致太阿倒持，民進黨接演台獨的大戲碼。兩岸鬥爭又進入新階段，詩人叩問：「誰有權力決定別人的命運，奪取人家，千千萬萬無辜的性命？」

這是八二三砲戰的後座力，它的影響所及，讓台灣的歷史分流；六十年後台灣的社會已起了莫大的改變，詩人的叩問又進入另一個層次，又有另一個層次不同的命運。國民黨為了延續政權的香火，「用熱血寫歷史 用生命愛台灣----向八二三戰役捍衛台灣的勇士致敬」，曾聲嘶力竭的想喚起八二三的靈魂：

敬愛的 ×× 勇士，您好！
民國四十七年八月二十三日傍晚五時三十分
中共向金門列島發動瘋狂突襲
不到一個半小時，近三萬發砲彈
從天而降，比雨還多
彈坑密集度，史無前例

砲火連續四十四天，砲彈總共四七四九〇〇發
就算是下雨都會，讓人受不了
更何況顆顆都是令人致命的真槍實彈

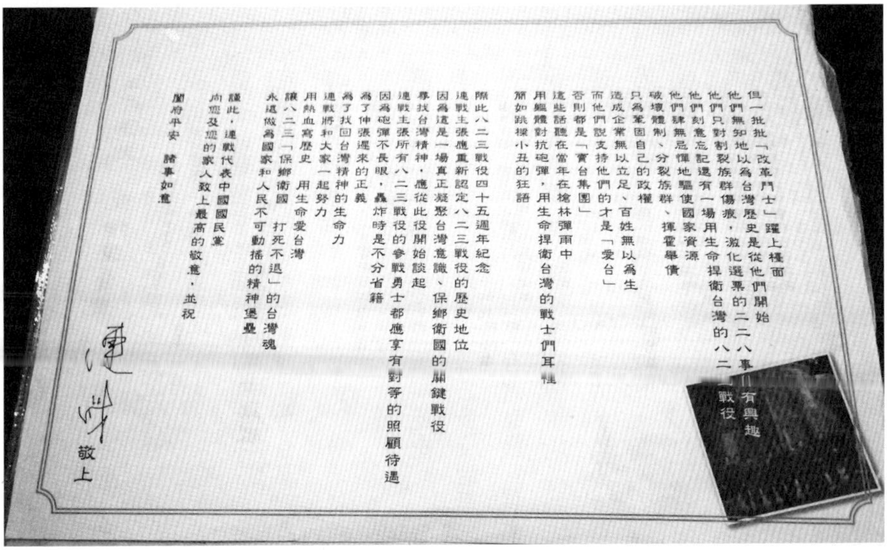
但一批批「改革鬥士」躍上檯面
他們無知地以爲台灣歷史是從他們開始
他們只對割裂族群傷痕，激化選票的二二八事
他們刻意忘記還有一場用生命捍衛台灣的八二
他們肆無忌憚地驅使國家資源
破壞體制、分裂族群、揮霍舉債
只爲鞏固自己的政權
造成企業無以立足、百姓無以爲生
而他們說支持他們的才是「愛台」
否則都是「賣台集團」
這些話聽在當年在槍林彈雨中
用軀體對抗砲彈，用生命捍衛台灣的戰士們耳裡
簡如跳樑小丑的狂語
際此八二三戰役四十五週年紀念
連戰主張應重新認定八二三戰役的歷史地位
因爲這是一場真正凝聚台灣意識、保鄉衛國的關鍵戰役
尋找台灣精神，應從此役開始談起
連戰主張所有八二三戰役的參戰勇士都應享有對等的照顧待遇
因爲砲彈不長眼，轟炸時是不分省籍
爲了伸張遲來的正義
爲了找回台灣精神的生命力
連戰將和大家一起努力
用熱血寫歷史　用生命愛台灣
讓八二三「保鄉衛國　打死不退」的台灣魂
永遠做爲國家和人民不可動搖的精神堡壘
謹此，連戰代表中國國民黨
向您及您的家人致上最高的敬意，並祝
闔府平安　諸事如意
連戰 敬上

國民黨最後一次為八二三戰役喊魂，但是並沒有回魂：歷史的教訓就是沒有記取教訓，所以人類的歷史災難會輪迴。

但誰能想像，英勇的台灣男兒依然奮戰到底
台灣男兒的不屈意志，讓敵人恐懼
終於獲得震驚世人的空前勝利

這場勝利杜絕中共侵台的野心
這場勝利改變台灣命運，確保台灣日後的繁榮
若要評述歷史
八二三戰役的地位絕對是無與倫比
參戰的勇士絕對是台灣救星，民族英雄

富足後的台灣內部醞釀政治改革運動
這是公民社會水到渠成的發展軌跡
也是前人耕耘後人收割的可喜成果
但一批批「改革鬥士」躍上檯面
他們無知地以為台灣歷史是從他們開始
他們只對割裂族群傷痕，激化選票的二二八事件有興趣
他們刻意忘記還有一場用生命捍衛台灣的八二三戰役
他們肆無忌憚地驅使國家資源

破壞體制、分裂族群、揮霍舉債
只為鞏固自己的政權
造成企業無以立足、百姓無以為生
而他們說支持他們的才是「愛台」
否則都是「賣台集團」
這些話聽在當年在槍林彈雨中
用軀體對抗砲彈，用生命捍衛台灣的戰士們耳裡
簡如跳樑小丑的狂語

際此八二三戰役四十五周年紀念
連戰主張應重新認定八二三戰役的歷史地位
因為這是一場真正凝聚台灣意識、保鄉衛國的關鍵戰役
尋找台灣精神，應從此役開始談起
連戰主張所有八二三戰役的參戰勇士都應享有對等的照顧待遇
因為砲彈不長眼，轟炸時不分省籍
為了伸張遲來的正義
為了找回台灣精神的生命力
連戰將和大家一起努力
用熱血寫歷史　用生命愛台灣
讓八二三「保鄉衛國　打死不退」的台灣魂

永遠做為國家和人民不可動搖的精神堡壘

謹此，連戰代表中國國民黨向您及您的家人致上最高的敬意，並祝

闔府平安　諸事如意

連戰敬上

國民黨最後一次喊魂，功敗垂成

中國國民黨最後一次爲八二三戰役喊魂，然而功敗垂成；歷史如轉燭，各領風騷幾數年。八二三砲戰之後，六十年來在解除戒嚴體制之後，隨著民主浪潮的興起，台灣社會經過三波

南明的鄭成功據守台澎與金廈，為了「薙髮問題」與康熙大帝一直談不攏，當時的「夷夏之辨」如今已消失在歷史煙塵裡。

馬英九於二〇一一年敲響和平鐘，他的願望有被繼承嗎？

轉變：

李登輝的轉化
陳水扁的衝撞
蔡英文的清洗

國民黨自此失去了歷史的解釋權與社會潮流的引導權，即使有一天能重新贏得執政權，也是獨力難挽，因爲台灣已經徹底台灣化了。這樣的社會思潮，讓一般人忘記了八二三的歷史貢獻。國民黨在大陸的失敗，讓留在大陸的抗戰老兵，受到精神與肉體的凌遲；國民黨在台灣再度失去政權，讓八二三戰役的老芋仔與台灣充員兵都黯然無光。

當主義已不主義
當領袖已不領袖
當國家已不國家

國民黨已失去主導權，因此匾額與勳章已

經褪色，獎狀已成篋笥中的殘紙，國民黨已經無法回頭來叫魂了；當蔡政府首任國防部長馮世寬不知道戰爭如何殘酷？不知遺孤遺眷如何悲痛？但是還要你當「戰爭來臨時，要以崇高的榮譽、無比尊嚴，勇敢走向戰場含笑爲國犧牲。」那些八二三戰役的遺孤遺眷，只有暗自飲淚了。

金門兩次影響台灣的歷史命運。一六六一年鄭成功在金門料羅灣祭江東征，收復了大員，延續了南明的薪火；爲了「薙髮問題」，鄭清談判十六次都不得要領，等到靖海侯施琅渡過黑水溝海戰一勝，一片降旛出澎湖，劉國軒成爲「第一代的賣台總司令」。

一九四九年金門古寧頭大戰，共軍片甲無回，扭轉國府風雨飄搖的局勢，讓鄭成功「洪荒留此山川，作遺民世界」重現於今日；歷史出現大輪迴，往昔的「薙髮問題」，搖身一變成爲「九二共識」問題。鄭清的「薙髮問題」已經遺忘在歷史裡，今之視昔，猶如後之視今。那麼歷史會出現怎樣的轉折呢？誰會是康熙大帝？誰是施琅大將，誰將是「台灣意外的國父」，歷史終會給我們答卷。

國民黨的馬英九政府，爲了慶祝建國一百年，在金門古寧頭林厝的和平公園，樹立一座和平鐘，是用八二三砲戰的砲彈鑄造，矗立在昔日的殺戮戰場，希望轉化爲和平廣場，爲兩岸敲響和平鐘聲，詩人寫詩以紀其盛：

當撞響和平之鐘到八百二十三聲

鄭愁予

四十七萬五千枚霸道的炸彈，
向這彈丸之島做出密集的轟擊，
啊！平均每平方公尺中彈四發，
是以夷平家園廬墓為戰略贏取和平嗎？

不幸，砲彈的骨髓是母親們的血脈，
被鋼鐵炸成虀粉的和平喲……
竟染著血色凝為金門的紅土了！

啊！讓我們撿拾染紅的鋼鐵從土中，
讓我們以溫情的手把殺氣揉成祥和，
讓我們以藝術的謙卑扭轉戰爭的霸道啊，
誰教我們是歷史的崗哨、美學的拾荒者，
而手中這片片的兇器該還原成甚麼？
噢噢！鑄造一座鐘！胸懷仁愛的和平鐘！
金門啊！就請你充當和平的發言人罷！

當撞響和平之鐘到八百二十三聲，
天海為之平靖……大地撫盡傷痕，
所有騰飛的鳥，鳥羽都閃現鴿子白，
所有迎風的樹，樹枝都搖出橄欖青，
當鐘聲伴奏我們的歌，唱出同胞的親情，
「慈母手中線，遊子身上衣…」，啊啊！
就是今天！八二三！讓全世界聽見和平！

詩人鄭愁予為和平鐘寫的一首詩，如今刻在金門和平公園。

鬥爭詞曲變調，和平歌曲已然走音

這樣的和平鐘聲有響過嗎？這樣的和平願望有被繼承嗎？當依附者轉變了顏色，鬥爭的詞曲變調了，和平的歌曲已經走音了。當國民黨退守台灣成為依附者，這個世界是冷戰當道，金門是冷戰島；當民進黨成為依附者，太平洋東西兩強爭霸，金門成為幸福島。這口和平鐘能否撞響到八百二十三聲嗎？那要看美國同不同意。

中國分裂化，台灣中東化，是美國最大的戰略利益。劉亞洲說過小戰靠武器，中戰靠國力，大戰靠思想。美國幾十年前就藏了日本與台灣兩個伏兵；又說「只有佈局天下，才能佈局中國」，中國的「一帶一路」，就是要破解美國的C型包圍。美國以日本堵住東海，以台灣堵住西太平洋。中國想要和平崛起，那不符合美國的戰略利益。

人民日報
RENMIN RIBAO

国防部长徐向前声明
停止炮击大、小金门等岛屿

中华人民共和国国防部长 徐向前
一九七九年一月一日

中华人民共和国全国人大常委会
告台湾同胞书
（一九七九年一月一日）

金門從一九五八年八二三砲戰之後，前後擋了二十一年的砲彈，之所以停止砲擊，那要感謝美國與中國大陸建交。

川普最近正式簽署「台灣旅行法」，以其人之道，還治其身，師法毛澤東的「絞索政策」，把「台灣問題」反套在中國大陸的頭上，只要他一拉緊絞索，就像孫行者頭上的緊箍咒一樣，馬上頭痛欲裂。中國的最大敵人，始終是中國人自己。因爲自從鴉片戰爭之後，有些人一直無法擺脫依附者的角色，不得不任人擺佈。

兩岸要走向和樂共榮，還是玉石俱焚？詩人叩問誰有權力決定別人的命運？我同樣「無言面對一頂鋼盔」，眼淚會繼續流嗎？流在深不見底的歷史黑洞，

「沒有比回不來的吶喊
的聲音
還深，千古都沒有迴音……」

請問詩人您覺得呢？

數風流人物，還看今朝，然而蔣介石只不過是一杯特調，毛澤東只是一杯奶茶。

國家圖書館出版品預行編目資料

八二三砲戰——兩岸人民的生命故事／李福井著. ——初版. ——臺北市：五南, 2018.08
面； 公分. --（台灣書房；）
ISBN 978-957-11-9752-4（平裝）
1.八二三砲戰 2.戰史 3.訪談
592.9286 107008207

台灣書房 38

8V0H

八二三砲戰——兩岸人民的生命故事

作　　者— 李福井
總 經 理— 楊士清
副總編輯— 蘇美嬌
封面設計— 姚孝慈

發 行 人— 楊榮川
出 版 者— 五南圖書出版股份有限公司
地　　址：106台北市大安區和平東路二段339號4樓
電　　話：(02)2705-5066　傳　　真：(02)2706-6100
網　　址：http://www.wunan.com.tw
電子郵件：wunan@wunan.com.tw
劃撥帳號：01068953
戶　　名：五南圖書出版股份有限公司
法律顧問　林勝安律師事務所　林勝安律師
出版日期　2018年8月23日初版一刷
　　　　　2018年9月初版二刷
定　　價　新臺幣320元